别让梦想只是停在开始

苗博◎编著

中国纺织出版社有限公司

内 容 提 要

行动是将梦想变成现实的唯一方法，再伟大的梦想，如果不付诸实践，最终都只是幻想，只要你勇于坚持走心中向往的那条路，你就有了成功的机会。

本书写给心存梦想但执行力却不足的人，它能给人力量、促人奋斗。本书告诉我们，要执行、坚持、忍耐，只有为梦想奋力一搏，才不会辜负生命的意义，才能成就辉煌的人生。

图书在版编目（CIP）数据

别让梦想只是停在开始 / 苗博编著. --北京：中国纺织出版社有限公司，2020.1
ISBN 978-7-5180-6863-0

Ⅰ.①别… Ⅱ.①苗… Ⅲ.①成功心理—通俗读物 Ⅳ.①B848.4-49

中国版本图书馆CIP数据核字（2019）第229690号

责任编辑：李 杨 特约编辑：王佳新 责任印制：储志伟

中国纺织出版社有限公司出版发行
地址：北京市朝阳区百子湾东里A407号楼 邮政编码：100124
销售电话：010-67004422 传真：010-87155801
http://www.c-textilep.com
中国纺织出版社天猫旗舰店
官方微博http://weibo.com/2119887771
三河市延风印装有限公司印刷 各地新华书店经销
2020年1月第1版第1次印刷
开本：880×1230 1/32 印张：6
字数：124千字 定价：39.80元

前言

我们每个人都心存梦想，都有自己向往的生活，然而，在为梦想拼搏的道路上，成功的只有少部分人，大部分人都失败了。成功者之所以成功，原因有很多，但其中重要的一点是他们始终坚持自己的梦想，为梦想勇往直前。而失败者，他们在开始时也都满怀理想，但在社会上打拼几年后，越发感到衣食住行等实际需要的重要性，于是，在获得了一份稳定的工作之后，往往就会在时间的消耗下失去进取的锐气，无奈地满足于眼前的一切。所以，对于这部分人来说，他们的梦想只是停留在了开始。

然而，这样的生活真的是你想要的吗？相信大部分人的答案是否定的，他们也想为梦想奋斗，然而，他们只是想想，或者只是说说，真正需要实践的时候，他们就退缩了。实际上，实现梦想最重要的因素就是行动，看古今中外的每一个伟人，都是拥有超前的思想和超凡的行动力，并通过发挥自己的优势而赢得成功的。一句话，行动促就梦想。说一尺不如行一寸，只有行动才能缩短自己与目标之间的距离，只有行动才能把理想变为现实。成功的人都把少说话、多做事奉为行动的准则，通过脚踏实地的行动，达成内心的愿望。

要知道，任何人都不会轻而易举获得成功，要成功，就要突破，就不能安于现状。做到突破，就要从现在开始，一步一个脚印，逐步提高自己，抓紧时间，奋斗进取，你就能拼搏出属于自己的一片天地。同时，当你跨过人生的沟坎之后，你会发现，原来，一切困难不过是前进路上的小石子，轻轻一踢，它们就滚开了。

可能有人会产生疑问，万一失败了呢？而正是因为这样的担忧，人们在执行自己的目标前，可能会产生各种顾虑，会迟疑不定。实际上，正是因为迟疑，才会影响他们的行动，在任何一个领域里，不努力去行动的人，就不会获得成功。

现在的你，可能衣食无忧，可能你还有某些特长，过着顺风顺水的生活，可能你会有个灿烂的未来，但你不能就此停滞不前，激烈的竞争要求你不断进步，而求知与不满足是进步的第一必需品。生命有限，维系成功的唯一法门在于不断地努力，在新的方向不断探寻、适应以及成长，这样，你才会步入新的高度。

也有一些人说，我不知道从何开始努力，不知道从何入手，找不到方向，这就是本书编写的目的。本书就是一本让你找到方向和力量的书，它并不是以讲大道理为主，而是贴近生活、贴近心灵，帮助人们在竞争的社会中找到自己的位置、唤醒自己的梦想。相信阅读完本书，你会获得力量，会找到奋斗的方向，最终驾驭自己的人生，实现自己的人生价值！

编著者

2019年9月

__目录__

第 1 章
自我反省，你的梦想是否只是停留在幻想中

生活中，我们都有自己的梦想，然而，最终实现梦想的人却是极少数。大部分人之所以失败，并不是因为能力不足，也不是因为不够聪明，而是因为他们将梦想停留在了幻想中，他们谈到自己的梦想时，眉飞色舞、夸夸其谈，但他们只是想想，到真正实践时，他们就退缩了。现在的你如果也是如此，那么你就需要自我反省了，看看自己需要做出哪些改变，否则，你的人生只能空余悔恨。

我们为过失负责，为什么不为梦想负责

在日常生活中，当我们做错事时，我们需要负责，但对于梦想，我们却未必能负责到底。大部分人虽然满腔热血，但最终也只是让梦想停留在开始阶段，为梦想负责，就是要我们有为梦想坚持到底的热情和勇气。艾森豪威尔曾说过："在这个世界，没有什么比'坚持'对成功的意义更大。"

的确，世界上的事情就是这样，成功需要坚持。雄伟壮观的金字塔的建成正因为它是凝结了无数人汗水的结晶；一个运动员要取得冠军，前提就是必须要坚持到最后，冲刺到最后一瞬，如果有丝毫松懈，他就会前功尽弃，因为裁判员并不以运动员起跑时的速度来判定他的成绩和名次。

不得不承认，在生活中，有这样一些人，他们满腔热血，为自己制订出了人生的宏伟目标，并决定从现在起努力奋斗、打好基础。而随着时间的推移，他们发现，这一雄心壮志和现实困难产生了冲突，此时，他们就开始退缩，不敢再往前一步。而这样，是不可能收获胜利的果实的。

心理学家告诉我们，很多时候，人们不是被打败了，而是他们放弃了心中的信念和希望。对于有志气的人来说，不论面

对怎样的困境、多大的打击，他都不会放弃最后的努力。因为成功与不成功之间的距离，并不是一道巨大的鸿沟，它们之间的差别只在于是否能够坚持下去。

惠特曼是家喻户晓的诗人，他从小就喜欢阅读诗集。长大之后，他开始坚持写作和写诗。

然而，当惠特曼的第一本诗集出版后，根本没有人购买，为此，他不得不把自己的诗集一本一本地赠送给他人。那个时候，那些声名卓著的诗人根本没有把他看在眼里，甚至有的人还随手烧了惠特曼的诗。因为他们根本不相信一个木匠家庭出生的人能够写出好的诗。

这让惠特曼十分沮丧，他的心情糟透了。但就在这时，英国著名作家艾默生给他来了一封信：“我认为你的作品代表了美国有史以来最杰出的聪明才智的精华。”这句赞赏的话让心已濒死的惠特曼看到了希望，也重振了信心。从此之后，他对于诗歌创作投入了更大的热情，最终成为举世闻名的大诗人，他的诗作至今仍然不断被传承，成为全世界文学爱好者的精神食粮。当年，他的那部诗集就是《草叶集》。

如果没有艾默生的鼓励，如果没有惠特曼的执着，也许世界文坛就会少了一位伟大的诗人，《草叶集》也就不会作为人类精神文明的食粮传承下来。我们每个人生活在这个世界上，都难免要遭受坎坷和挫折，也时常会遭受他人的否定和非议。在这种情况下，唯有自信和坚强的心，才能让我们始终保持积极向上的能量和动力，并且执着于人生的梦想和理想，让心中充满希望和光明。

对于一个人来说，成功的信念和积极的心态比什么都重要。只有这样，你才能在困难中坚持，在坚持中成功。世界上最伟大的人，通常也是失败次数最多的人。面对各种不利，只要有一点点成功的可能，就要永不放弃。

这告诉所有为目标奋斗的人们，从现在起，多一份坚持的决心吧。为此，你要做到以下两点。

1.毫不松懈，冲刺到最后一刻

世界上的事情就是这样，成功需要坚持。裁判员并不以运动员起跑时的速度来判定他的成绩和名次，要取得冠军，就必须坚持到底，冲刺到最后一瞬。如果有丝毫松懈，就会前功尽弃。同样，无论是学习还是生活中的其他事情，都需要你做到坚持，不到最后决不放弃。

2.不因一时的挫折停止尝试，再坚持一分钟

逆境中能找到顺境中所没有的机会。处于逆境、陷于困苦时，你更要学会坚持，不要轻易气馁和放弃。只要再坚持一分钟，就可能迎来光明。

总之，在实现目标的过程中，面对问题，我们一定要再坚持一下，永远不要让“不可能”束缚自己的手脚，有时只要再向前迈进一步、再坚持一下，也许“不可能”就会变成“可能”。而成功者之所以能成功，就是因为他们对“不可能”多了一分不肯低头的韧劲和执着。

痛快决定，想得太多只会让你迟迟不敢行动

在生活中，相信每个人都有自己的梦想或目标，也就是一个指引人们行动的方向，然而，最终能达到自己目标的人却是少数，大部分人还是庸庸碌碌地过完一生。究其原因，很大一部分人缺乏立即执行的精神。他们在行动前就开始产生焦虑：万一失败了怎么办？像这样永远都不会有什么成功，只会与目标渐行渐远。所有的成功者都必定有着果断的执行力。可能一直以来，你认为自己是个勇敢的人，但到了真正可以表现自己勇气的时候，却左右迟疑、不敢付诸实践。其实，这不是真的勇敢，因为勇敢不是停留在言语上的，而是要放手去做的。

同样，在我们现实工作中，一些人就是因为想得太多而迟迟不敢着手做手头上的事。他们宁愿承认自己没有做到足够的努力，也不愿意承认自己能力不足，他们为自己寻找各种借口，到最后，他们就能名正言顺地不必承担失败的责任。

所以，生活中的人们，如果你希望在未来过上幸福的生活，如果想要实现你的梦想，那么从现在开始，你就要早做打算，就要努力。并且，再也不要被那些消极的思维左右自己，不要认为自己年纪大，不要认为自己愚笨，而要成为一个积极向上的人，培养自己的热忱，找到自己的目标，你就能为现在的自己做一个准确的定位，就能实现自己的人生目标。

索菲娅是哈佛大学艺术团的一位歌剧演员。

在一次演讲中，索菲娅当着全校师生的面提及自己的梦想——毕业以后先去欧洲进行为期一年的旅游，然后，她要去纽约的百老汇闯出一片天地。

就在这天下午，索菲娅的心理学老师找来问她："我听说你想去百老汇，那么，你今天去百老汇跟毕业后去有什么差别？"

"是呀，大学并不一定能为自己争取到去百老汇的机会。"索菲娅觉得老师的话很有道理，于是，她决定一年以后就去百老汇闯荡。

"你现在去跟一年以后去有什么不同？"

索菲娅一想，的确如此，于是，她告诉老师自己决定下学期就出发。

老师又问："你下学期去跟今天去，有什么不一样？"是啊，老师说得对，接下来，索菲娅有些晕眩了，她仿佛现在已经置身于百老汇那金碧辉煌的舞台上了……她说："我决定下个月就去。"

老师乘胜追击问道："那一个月以后去和今天去又有什么不同呢？"

索菲娅的心情很激动，她说："好，我准备一下，一个星期以后就出发。"

老师步步紧逼："百老汇什么买不到？那些生活用品更是到处都是。那你要一个星期的时间准备什么呢？"

索菲娅激动地说道："好，我明天就去。"老师赞许地点点头，说：“我已经帮你预订好明天的机票了。”

第二天，索菲娅就坐飞机来到了全世界艺术的最高殿堂——美国百老汇。

这天，百老汇一位著名的制片人真在筹备一部经典剧目，前来面试的人很多，但这位制片人只需要10位候选人。索菲娅接下来两天做的事情是找到剧本，然后她把自己关在出租屋里自编自演。

面试的时候索菲娅自信满满地对制片人说：“我可以给您表演一段原来在学校排演的剧目吗？就一分钟。”制片人首肯了，他不愿让这个热爱艺术的青年失望。

索菲娅表演的正是制片人要排演的剧目，制片人惊呆了，因为眼前这位姑娘的表演实在太棒了。他马上通知工作人员结束面试，主角非索菲娅莫属。就这样，索菲娅来到纽约没几天就顺利地进入了百老汇，开始了她灿烂的艺术人生。

索菲娅的故事对你是否有所启示？的确，成功的人与那些蹉跎人生的人的最大区别，就是行动！如果你能追溯那些成功人士的奋斗之路，你就会感叹：“难怪他会做得这么好！”怎么样的行动才能获得最大的成功呢？是马上行动！生活中的人们，不要再感叹时光荏苒了，从现在起，立即行动吧，下一刻也许就是成功！

要做到“现在就做”，你需要执行激发行动的六大步骤：

1.我要得到什么样的结果

思考想要的结果。例如，下学期要达到的学习目标、背诵多少单词等。

2.达不到目标有什么样的痛苦

想象一下，没有达成这个目标可能出现的痛苦场景。例如，个人价值不被认可。

3.不行动有什么坏处

再思考，如果不行动会导致什么不良后果。例如，学习成绩不佳、目标完不成、不被认可、无快乐可言等。

4.假如马上行动，有什么好处

那么，如果立即行动，又会带来什么好处。例如，有机会当上班干部、个人价值将得到认可、考上好的大学等。

5.制定期限，马上行动

行动前，定下目标达成时限。例如，在两个月内，再提高十个学习名次。

6.将行动计划告诉你的父母、朋友和老师

看你的行动计划是否合理可行，先行检验一下。例如，告诉老师自己的目标，寻求他的辅导和支持，制订计划等。

任何人，只有树立了目标，内心的力量和头脑的智慧才会找到方向。目标是对于所期望成就的事业的真正决心。要实现目标，我们必须现在就做，绝不能耽误一秒。

你不去改变，梦想就只能藏于心中

我们知道，每个人都有巨大的潜能，而潜能就藏于人的潜意识之中。人的潜能对于人的身体和力量，有着令人难以置信的影响。而唯有长久的欲望和动机，才能激发人的潜能。人的梦想就是人的欲望和动机的来源。

然而，生活中，面对梦想，有些人慨叹：其实我并不喜欢现在的生活，我有自己的梦想……他们谈了一大堆的计划、一大堆的梦想，可是，最后他们并没有去实践。如果有人问起，他们还会摇摇头说：不行啊，无奈啊，没办法啊……真的有那么无奈吗？ 既然无力改变又何必总是埋怨？既然埋怨、不满，又为何不去努力改变？

当你对工作、生活有了最初的梦想，你是不是能够大胆地去实践？ 还是仅仅把它作为一个遥不可及的梦想，最后只能默默地埋藏在心底，到老了才感到莫大的遗憾。

其实，一个人不愿改变自己，往往是舍不得放弃目前的安逸状况。而当你发觉不改变已不行的时候，你已经失去很多宝贵的机会。任何成功都源于改变自己，你只有不断地剥落自己身上守旧的缺点，才能做到敢为人先，才能抓住第一个机会，才能实现自己的进步、完善、成长和成熟。

我们大多数人都与梦想渐行渐远。为什么呢？因为我们都认为梦想终归是梦想，只把它当成了遥不可及、无法实现的目标，而始终没有为梦想做出改变，并且，我们还能找出很多自己的理由。例如，我没有足够的资金开创自己的事业；我的学历不高；竞争太激烈，做这个太冒险了；我没有时间；我的家人不支持我……没有足够的资金、没有学历、没有这个那个，其实都是缺乏意志力的人为自己找到的冠冕堂皇的借口，别忘了那句最常听说却最容易被人忽略的话：事在人为。

其实，我们每个人都应该为梦想而努力，只要想做，并坚信自己能成功，那么你就能做成。这正是行动的作用。世界著名博士贝尔曾经说过这么一段至理名言："想着成功，看看成功，心中便有一股力量催促你迈向期望的目标，当水到渠成的时候，你就可以支配环境了。"

勇敢地尝试新事物，做出改变，可以帮助我们发现新的机会，使你迈进从未进入的领域。生命原本是充满机会的，千万别因放弃尝试而错过机会。

事实证明，如果我们能够跨越传统思维障碍，掌握变通的艺术，就能应对各种变化，在变化中寻找到新机会，在变化中获取新利益。在我们的生命中，有时候必须做出困难的决定，开始一个更新的过程。只要我们愿意放下旧的包袱、愿意学习新的技能，我们就能发挥自己的潜能，创造新的未来。我们需要的是自我改变的勇气与再生的决心。

另外，在进行尝试时，你难免会产生一种"不可能"的念头，对此，你必须从心理上超越它，只有这样，你才能站在高高的位置上，低头俯视你的问题。可见，对于梦想，如果你不敢改变现在的生活，没有超人的胆识，就不会有超凡的成功。

说得再多，不如立即执行

生活中的你可以发现，古今中外的每一个成功者，都是拥有超前的思想和超凡的行动力，并通过发挥自己的优势而赢得荣誉的。一句话，行动促就梦想。说一尺不如行一寸，只有行动才能缩短自己与目标之间的距离，也只有行动才能把理想变为现实。成功的人都把少说话、多做事奉为行动的准则，通过脚踏实地的行动，达成内心的愿望。

事实上，很多情况下，无论我们有多少智慧、多少创意、多少决策和管理能力，我们常常做的还是执行，所以一个人的执行力的好坏决定了他最终是否能梦想成真。马云曾经说过这样一句话："孙正义跟我有同一个观点，一个方案是一流的idea加三流的实施；另外一个方案是一流的实施加三流的idea，哪个好？我们俩同时选择一流的实施加三流的idea。"所以说执行力在人们成功的过程中，扮演着最重要的角色。

对于生活中的你来说，如果你心中有梦想，那么，就从现在开始改掉犹豫不决的坏毛病，不管面对的是危机还是机遇，你都要毫不犹豫地冲上前去。很多事情不尝试怎么知道结果呢？而且如果不切切实实地去做，你就会永远毫无收获。宁愿当一个错误连连的行动派，也不要当一个只说不做的空想家。

1921年时，电报机发明已有25年之久，人们也已经认识到电报对信息传播的重要作用。

鉴于此，一些年轻人从中受到启发，他们认为，既然电报有如此重要的作用，那么何不创办一份文摘刊物，让人们从中获取信息呢?

说做就做，不过当他们申请邮局发行时，得到的答复是因为还从没有过这类刊物，目前条件还不成熟，还要等一等。绝大多数申办者就只好等等再说。

但在这些人中，有个叫华莱士的年轻人却没有放弃，他认为：邮局不发行，我可以自办发行呀。他没有等待，而是将订单装入2000个信封中，从邮局发往各地。

就这样，这位青年创办了世界上很少有的文摘刊物，它一下子拥有了不少的读者，而且市场越来越广阔，它就是有名的《读者文摘》。到2002年，这本刊物已成为世界性的刊物。它用19种文字出版，发行到127个国家，年收入达5亿多美元。

所以，不要怕实践你的梦想，不要因为恐惧而裹足不前，不要等生命走到尽头时，才恍然大悟原来你可能有机会实现梦想，只是你放弃了。有了梦想就不要空想，不妨勇敢地去实践!不要在意别人的嘲笑。如果没有勇气去大胆地尝试，你永远都不会知道自己的潜力有多大!

那么我们所说的执行力，到底是什么呢?

执行力，指的是贯彻战略意图、完成预定目标的操作能力，是把企业战略、规划转化成为效益、成果的关键。执行力包含完成任务的意愿、完成任务的能力、完成任务的程度。对个人而言执行力就是办事能力。简而言之，执行力就是把想法变成行动、把行动变成结果的能力。

有想法是好事，但是仅仅停留在想的阶段，而不去行动、不去实施，那再好的想法也不可能为自己的人生创造价值。从现在开始，你一旦有一个想法、一个念头，就应该把自己的这个念头记录下来，然后进行完善，使它成为一个具体、明确的可以执行的主意、想法、策划，然后制订出自己的具体计划，立刻行动，去实现这个想法。可以先从简单的开始，训练自己立刻行动的特质，只有拥有了这种特质，你才可能逐渐走上成功的道路。

执行力能把想法变成行动、变成结果，是一种非凡的能力，有的人善于做具体的事，善于落实；有的人则不善于，不善于也没有关系，如果你能够找到善于帮你落实目标的人去执行，也是一种方法。

不过在此之前，你一定要有立刻行动的决心，坐而言、坐而思只能形成方法，起而行才可能有成果。

独立思考，不要什么都听别人的

我们知道，作为人，应该都是独立的，而人正是因为独立行走，才脱离了动物界而成为万物之灵。我们的成长过程就应该是一个逐渐独立与成熟的过程，而那些成功者通常都有自己的主见，不会人云亦云。因此，生活中的你，如果也有自己的梦想，就大胆地去做，对于别人的意见，你可以参考，但不要被其左右。

然而，生活中的不少人，对于自己未来的前景，到需要选择的时候，他们还是会轻易地听了别人的话、顺了别人的心。其实你应该懂得“鞋子合不合适只有自己知道”的道理。别人的意见只能作为参考。如果别人的意见轻易地左右了你的决定，那只能是你的错，不要事事都听别人的，你应该多听听自己的。

许多事例证明，别人给予你的意见和评价，往往是不正确的。

音乐家贝多芬在拉小提琴时，他宁可拉自己的曲子，也不愿做技巧上的变动，为此，他的老师曾断言他绝不可能在音乐这条道路上有什么成就。

20世纪最伟大的科学家爱因斯坦4岁才会说话，7岁才会认字。老师给他的评语是“反应迟钝，不合群，满脑袋不切实际的幻想”。

大文豪托尔斯泰读大学时因成绩太差而被劝退学。老师认为他“既没读书的头脑，又缺乏学习的兴趣”。

如果以上诸位成功人士不是走自己的路，而是被别人的评论所左右，那他们就不会取得举世瞩目的成就。

我们不难发现，社会上有一些富家子弟，他们受到了教育的“温室效应”的毒害。教育的“温室效应”主要是指受教育者受到家庭、社会、学校尤其是家庭方面的过分溺爱，造成他们任性固执、追求享受、独立性差、意志薄弱、责任感淡漠等不良的性格。对于他们来说，破除对他人的依赖极为重要。

我们也应该获得启示，凡事靠自己，形成独立的性格，才能真正成长为一个顶天立地的人。为此，要培养自己做事有主见的性格，如果你是一个有依赖性的人，那么从现在起，你必须学会自控，学会独立面对各种生活问题。为此，你需要做到：

1.摒弃随波逐流的思想

任何人想要独立行走于世，都要学会独立思考，要有自己的主见，这就要求我们不能凡事随大流，不能盲目听从别人的话，这样就会没有自我和个性，成为别人的附属品，这样的人活着有什么意义和价值呢?

我们想要做出一番成就，也必须要做到训练自己独立的思维，要做到全面、正确地认识客观事物，通过由表及里、由此及彼、去粗取精的加工过程，抓住事物发展的规律，结合自身的条件，制订符合实际的理想和奋斗目标，在实施中根据客观事物的发展变化修正理想和目标，使人生幸福之路永远长青。

2.有主见并不是固执己见

遇事有主见、有思想，但不代表我们要固执己见，不是在一条道上走到黑，更不是听不进别人的意见，恰好相反，听进去别人的意见就是要虚心接纳别人的意见，有则改之，无则加勉。善于把个人主见讲给别人听，取得别人的认同、支持和帮助。从实践中来再到实践中去，不断地升华个人的主见，使得个人主见不断地完善和发展。

3.始终明白求人不如求己

面对人生的困境，你要懂得，求人不如求己。总想着依靠他人帮助的人，总想有人能在危难时搀扶你一把，你永远也无法完成任何伟大的事业。只有自主的人，才能傲立于世，才能力拔群雄，也才能开拓自己的天地。潜能激励专家魏特利曾说过这样的话："没有人会带你去钓鱼，要学会自立自主。"

4.不要总是指望他人的帮助

我们必须肯定一点，人生在世，谁都不可能单打独斗，谁都会求人，也需要他人的帮助。例如父母的养育、师长的教诲、朋友的关爱、社会的鼓励……可以说，人从呱呱坠地那一刻起，就已开始接受他人给予的种种帮助。

然而，正是因为认识到这点，一些人甚至认为别人就应该帮助自己，他们遇到事就求人，奢求他人的帮助。这样的人，显然不可能在生活上自立自强、在事业上有所作为。有句话说：靠吃别人的饭过日子，就会饿一辈子。

英国历史学家弗劳德所说：“一棵树如果要结出果实，必须先在土壤里扎下根。”同样，一个人首先要学会依靠自己、尊重自己、不接受他人的施舍、不等待命运的馈赠。只有在这样的基础上，才可能做出成就。

面对梦想，光想不做是不会有好结果的

在现实生活中，我们不难发现一个现象，很多成功人士并不是高学历者，那些高学历者也并不一定能成功。这是为什么呢？其实，这与他们对待梦想的态度和行为不无关系。低学历者更注重实践，为了目标，他们制订好计划，然后一步一个脚印地努力。而一些高学历者则太过注重理论知识，这种现象在开放的社会已经较为普遍，我们并不是说这是一种必然，但从另一个侧面可以看到，光想不做是不会有好结果的。

曾经有哲人说过，“梦想指引我们飞升”。我们都知道梦想的伟大力量，但把梦想变为现实只有一个方法，那就是行动。

活在当下的人们，如果你希望自己成为一名成功者，那么从现在开始，你就得放下空想，给自己规划一个详细的人生目

标，并按照自己现有的条件去为之奋斗。只要你这么想了，也这么做了，那么你的人生最终就是成功的。否则，你永远只能“做梦”，而无法实现“梦想”。

要知道，任何人都不会随随便便成功，要成功，就要突破，就不能安于现状。做到突破，就要从现在开始，一步一个脚印，逐步提高自己，抓紧时间，奋斗进取，你就能拼搏出属于自己的一片天地。同时，当你跨过人生的沟坎之后，你会发现，原来一切困难不过是前进路上的小石子，轻轻一踢，它们就滚开了。

的确，“空谈误国，实干兴邦”。大到国家，小到个人，万事万物都得由小到大。或许你现在做着看似不着边、没有前景的工作，但我们要坚信，事物发展的道路是迂回曲折的。巴纳德说过：“机会只偏爱那些有准备的人。”成功的秘诀在于开始着手。现在就采取行动，决不拖延，行动高于一切！把握现在的瞬间，从现在开始做，心动不如行动。

“一切用行动说话。”这是我们每个人应该记住的，仅仅只有理想是不够的，理想必须付诸行动，如果没有行动，那理想永远只是空想，只是空中楼阁、海市蜃楼，那么遥不可及。

生活中的人们，也许现在的你有很多梦想，你可能希望自己能成为著名企业家、人民教师、歌唱家等，但无论如何，你要知道，理想不同于妄想和幻想，目标要切实可行，行动要脚踏实地。这样，你离你的梦想就不远了。

因此，不管你的梦想多么高远，先做触手可及的小事。梦想是一个大目标，你需要做的是完成每天的小目标，这样，你朝大目标就进了一步。每进一步，你就会增加一份快乐、热忱与自信，你就会消除一份恐惧，你就会更踏实，就会从积极地思考进展变为积极地领悟。那么，就没有一件事情可以阻挡得了你。

第2章

不摆脱自卑，你还未开始努力就已经失败了

心理学家认为，在众多心理问题的成因中，自卑占了很大一部分，而自卑来自人们对自身的不正确评价。也正是因为如此，自卑的人对自己的能力也缺乏正确中肯的评估和评价，这类人即使心存梦想，也会因为害怕失败而不肯做出行动或者因为遇到挫折而退缩。因此，要想达成梦想，首先就要克服自卑情结，否则，你的人生还未开始就已经失败了。

相信自己，天生我材必有用

有这样一则真实的故事：

埃及人想知道金字塔的高度，但由于金字塔又高又陡，测量困难，为此他们向古希腊著名哲学家泰勒斯求助，泰勒斯愉快地答应了。只见他让助手垂直立下一根标杆，不断地测量标杆影子的长度。开始时，影子很长很长，随着太阳渐渐升高，影子的长度越缩越短，终于与标杆的长度相等了。泰勒斯急忙让助手测出金字塔影子的长度，然后告诉在场的人，这就是金字塔的高度。

那么，你的人生高度该怎样来测算呢？实际上，无论现在你处于什么样的境况，只要你不甘于现状，并积极为未来思考，寻找出路，就没有什么达不到的目标。你要相信自己，你有资格获得成功与幸福！

还有，很多人处于贫贱之中，为什么他们没能做出什么成就？如果一个人屈服于贫贱，那么贫贱将折磨他一辈子；如果一个人性格刚毅，敢于尝试，不怕冒险，他就能战胜贫贱，改变自己的命运。

所以，如果你渴望成功，渴望获得荣誉，不妨从现在起，为你的目标积极思考吧。不要认为你办不到，不要存有消极的思想，你潜在的能力足以帮助你实现它。

自信是成功的基石

中国古语说：人皆可以为尧舜。意思是说，只要你树立必胜的信心，就能够战胜任何困难，成为杰出的人。当一个人失去自信的时候，就难于做好什么，当你什么也做不好时，你就更加不自信，这是一种恶性循环。若想从这种恶性循环中摆脱出来，重建自信心，我们不妨先从最有把握做好的事情做起，用不断取得的成功来建立我们的自信心。

的确，无论做什么事，都有可能遇到困难，在困难面前，大多数人会选择放弃，而只有少数人还能坚持到最后，因为他们坚定地相信自己坚持下去就一定会取得最后的成功，而大多数人却因为暂时的困难和挫折蒙蔽了自己看到希望的眼睛！

高尔基有句名言："只有满怀自信的人，才能在任何地方都把自信沉浸在生活中，并实现自己的意志。"古往今来，成功人士虽然从事不同的职业、具有不同的经历，但有一点是共同的：他们对自己都充满自信，由此激励自己自爱、自强、自主、自立。

著名作家艾默生曾说过："自信是成功的第一秘诀。"这句话告诉我们，人的潜力是无穷的。如果你对自己有足够的信心，你就会发现自己原来拥有这样大的潜力，原来自己可以做到许多事情。如果你想有个辉煌的人生，那就把自己扮演成你心里所想的那个人，让一个积极向上的自我意象时时伴随着自己。

在北京大学的课堂上，老师经常为学生讲述一个来自美国哈佛大学的调查结果，一个人胜任一件事，有85%取决于他的态度，15%取决于他的智力。如果他自信，事情肯定会办好。我们都知道，自信是对自己的高度肯定，是成功的基石，是一种发自内心的强烈信念。我们需要自信，无论在生活中还是工作中，一个自信的人，常看到事情的光明面。

同样，生活中的人们，也应该培养自己的自信心，自信的人到哪里都光彩夺目。为此，你要告诉自己：我是最棒的。拥有这样的信念，无论何时，你都能有优秀的表现，都能挖掘出你意想不到的潜力。

对自己充满信心，是成功的重要原则之一。检验你的信心如何，要看在你最需要的时候是否应用了它。有时候由于心中没有蕴藏着自信，所以我们就发现不了近在咫尺的矿藏。

从心理学的角度说，信心可以决定一个人的成败。假如这个人是自卑的，那自卑就会扼杀他的聪明才智，消磨他的意志。

成功者自信，失意者自卑。一个人只要有自信，那么他就能成为他所希望成为的人。无论你想成为什么样的人，从现在起，只要你不断积累信心，然后朝着目标奋进，你就能成功!

自信是对自己的高度肯定，是成功的基石，是一种发自内心的强烈信念。我们需要自信，无论在生活中还是工作中，一个自信的人，常看到事情的光明面，必能尊重自己的价值，同时也尊重他人的价值。因为自信是个人毅力的发挥，也是一种能力的表现，更是激发个人潜能的源泉。为此，你需要做到：

1.不断学习，让自己具有硬实力

在今天，素质决定着命运。当然，在具备这点后，你就要实事求是地宣传自己的长处、才干，并适当表达自己的愿望，这样才能让别人更加了解你，也能给予你更多机会。

2.不断挑战自己

任何一个人，在这个快节奏、高效率的时代，要想脱颖而出，要想进步，就必须做到不断挑战自己。要知道，一个人的能力是需要不断挖掘的，只要我们相信自己、欣赏自己、摒弃自卑，我们就能在生活、职场中不断彰显自己的能力和价值。

总之，我们需要记住的是，自信，使不可能成为可能，使可能成为现实。不自信却使可能变成不可能。一分自信，一分成功；十分自信，十分成功。在经济飞速发展的今天，各种机遇和挑战无处不在。我们不妨自信一点，给自己一个发挥长处的机会，初登舞台，放低姿态；站稳脚跟，慢慢发展；等到机会出现，就一定要大胆出击。

自卑是阻碍你成为优秀者的绊脚石

一位来自城里的记者询问在夜间忙碌的农民：“为什么要在夜间翻地呢？”农民回答说：“在夜间翻地，野草的生长率会降到2%，但若是让野草照到一缕阳光，它们便会快速增长，生长率高达70%呢。”听到这样的回答，记者当时就惊呆了，他被野草的生命之美感动。野草，本来是多少不起眼的小生命啊，但是，因为那一缕阳光的生命力，怀抱自信，冲破黑暗，沐浴阳光。就连野草这样卑微的生命都对自己充满了信心，而我们还生活着，为什么要自卑呢？

由于自卑，或许他们本可以成为优秀人才，但是，因看不到自己的特长，不敢发挥自己的优势，最终只能碌碌无为。自卑，就好似一个陷阱，阻碍人们继续前进。因此，我们必须丢掉自卑，让自信的阳光洒满心房。

读过《简·爱》这本书的人都会被那个自信的女孩所吸引，在书中，家财万贯、性格孤僻的庄园主罗杰斯特为什么会爱上地位低下而又其貌不扬的家庭教师呢？答案其实很简单，因为简·爱自信、自尊，富有人格的魅力。正是这种自信的气质与魅力，使她获得了罗杰斯特由衷的敬佩和深深的爱恋。

拿破仑说：“只要有信心，你就能移动一座山。只要坚信自己会成功，你就能成功。”可是，在生活中，拥有信心的人并不多。自信本身并不神奇，也不神秘，但是，如果你相信自己确实能够做到，自然就会信心百倍。

有人在研究当代世界名人的成长经历之后会发现，这些名人对自我都有一种积极的认识和评价，表现出相当的自信。坚定的自信心，不仅使人在事业上不断进取，达到既定目标，而且使人在性格上重塑自我，增添人格魅力。

别拿别人的标准来衡量自己

在我们生活的周围，我们发现，不少人喜欢拿自己和别人对比，相比之下，他们发现，自己在很多方面都不如人。例如工作能力不如同事，工资不如同学，孩子没别人的聪明，自己太瘦、太胖或者太矮等，所以他们觉得自己一无是处。其实，你要明白一点，你永远也不可能是这个世界上最优秀的人，所以你不必自卑。每个人都是独一无二的，没有人和你一样，这就好比任何两片树叶或任何两朵雪花都是不同的，你不必与别人一较高下，因为你是独特的。

每个人内心的自卑确实都不是来自其经验或者事实，而是来自其对事实的结论或者看法。例如，你没法唱出动听的歌声，无法在世界级的舞台上翩翩起舞，但这并不代表你是个“不行”的人，你所有负面的想法都来自你拿别人的标准在衡量自己。

在北卡莱罗纳州，有个叫艾迪斯·阿尔雷的女士，她给心理医生写了一封信，信的内容是这样的：

“很小的时候，我就是一个羞涩、敏感的女孩，我身形肥胖、脸颊上很多肉，这让我显得更臃肿了。我的母亲是个很古板的女人，在她看来，把衣服穿得很合身是一件愚蠢的事，这样也容易把衣服撑破，所以她一直让我穿那些宽大的衣服。

“我很自卑，从来不敢参加任何朋友的聚会，在我身上也没发生过任何让我开心的事，同学们组织的活动我也不敢参加，甚至就连学校的运动会我也不去。我太害羞了，在我看来，我肯定是与别人不一样的。

“在我成年后，我很顺利地结了婚，我的丈夫比我大几岁，但我还是无法改变自己。我丈夫一家子都很自信，我也一直想要和他们一样，但我根本做不到。他们也曾几次努力想要帮助我，但结果还是未能如愿，我变得更害羞了。我开始紧张易怒，不敢见任何朋友，甚至门铃一响我就紧张起来，我想我真是没救了，我怕丈夫察觉出这个糟糕的我，尽量装得开心一点，有时候还表现过火了，因为事情过后我都觉得自己累得虚脱了，但我没办法入睡。最后，我开始怀疑自己是否应该继续活下去，于是，我想到了死亡。”

当然，艾迪斯太太并没有自杀，那么，是什么改变了她的想法呢？只是她偶然听到的一句话。在给心理医生寄去的那封信里，她提到了此事：

“改变我自己和我的生活状态的，只是偶然间我听到的一句话。这天，我和婆婆谈到了教育的问题，她谈到自己的教育方法：‘无论我的孩子遇到什么，我都告诉他们要保持自我本色。’

“‘保持自我本色’，这简短的一句话就像一道光一样从我的脑海中闪过，我突然发现，原来所有在我看来的不幸都只是因为我把自己放置到某个模式中去了。

“在听到这句话后，我瞬间发生了改变，我开始遵循着这句话生活，我努力认清自己的个性，找到自己的优点，我开始学会按照自己的喜好、身材去搭配衣服，以此提升自己的品位。我开始主动走出去交朋友，我加入一个小团体中，每次当大家叫我上台参加某个活动时，我都鼓足勇气，慢慢地我大胆了很多，这是一个长期的过程，但我确实发生了不少的变化。我想，当我以后教育我的子女时，我一定会告诉他们我的这一段经历，我希望他们能记住：无论何时，都要保持自我本色。”

威廉·詹姆斯曾说过这样的话：“一般人的心智使用率不超过10%，很多人都不了解自己到底还有些什么才能。人们往往对自己设限，因此只运用了自己身心资源的一小部分。实际上，我们拥有的资源很多，但却没有成功地运用。”

好莱坞著名导演山姆·伍德曾说，对于他来说，最头疼的事就是让那些年轻的演员保持自我，他们每个人都想成为翻版的拉娜·特纳和克拉克·盖博，可是观众想要点“新鲜的味道”，而不是那种他们已经“尝过”的。

既然我们有那么多未被开采的潜能，那么，你又何必担心自己不如别人呢?

任何一个因为比较而导致自卑的人都应该明白，在这个世界上，不会有第二个你，现在没有，以后也不会有。这一点，我们能从遗传学书籍中找到证据。我们每个人都是由父亲和母亲的23条染色体组合而成的，决定我们遗传的，就是这46条染色体，每一条染色体中，还有数百个基因，任何一条单一的基因又能影响甚至改变我们的一生，这就是令人敬畏的人类生命的形成。

自从你来到这个世界上，你就是独特的，你应当为此而雀跃，你应该善于运用自己的天赋。其实，那些所谓的艺术，也都是对自我的一种体现而已，你能唱的、画的也都只有你自己，造就你的只有你的经验、环境和遗传。无论如何，你只有在你生命的舞台中演奏好自己的乐器，才能活得精彩。

相信自己一定能做到

美国职业橄榄球联合会前主席D·杜根曾说：“强者不一定是胜利者，但胜利者迟早都属于有信心的人。”从心理学角度说，信心可以决定一个人的成功与失败。一个人要想获得成功，就需要保持内心的自信，自信者勇往无前，不会胡思乱想，这样我们才能走上通向成功的康庄大道。

任何时候，我们都不要怀疑自己的能力，也不要为自卑所困扰，我们需要从过去的成功经历中汲取养分，以此滋润自己的信心。不要沉溺于对失败经历的回忆，而是要将失败的景象从自己脑海中赶出去，尤其是在当自己的言行遭到别人质疑的时候，我们更需保持较强的自信心，相信自己一定能行，不要轻易地怀疑自己。对同一件事情，每个人的思维和行为方式都是不一样的，难免会造成不同的意见，如果我们的看法遭到了别人的挑衅或质疑，不要犹豫，更不要人云亦云地抛弃自己的见解，而是保持绝对的自信，相信自己，并用实际行动向世人证明自己的能力。因为自信，会让我们拥有一张人生之旅的永久票。

的确，对于那些隐藏在内心深处的梦想，自信是实现梦想的前提，带着满满的自信，向自己的梦想前进，总有一天，我们会以实际行动告诉世界：自信，是给梦想插上翅膀。

日本作家中岛薰曾说：“认为自己做不到，只是一种错觉。”自卑是一种消极的情绪，它会让你产生挫败感，你会认为自己什么都做不到，而实际上，很多时候，正当你绝望时，希望就在前方等着你。因此，只要你放下自卑，以积极的心态去面对生活的挑战，你的生命才会有无限的可能。

事实上，一句我能行，会使你真的能行；一句我可以，会使你真的可以；一句我了不起，会使你真的了不起。时刻告诉自己能做到，就能擦出星星之火，而星星之火又点燃了希望的灯，为我们照亮了远方的路。鼓励能给人自卑的心灵点亮光芒，使我们走向成功。

看得起自己，你才有可能变强

人们常说，骄傲使人落后，谦虚使人进步。因此，我们从小就戒骄戒躁，总是认为唯有谦虚，我们才能获得更大的进步，也才能让我们的人生获得更长足的发展。的确，谦虚能够帮助我们保持空杯心态，更加虚心进取，也最终使我们获得成功。但是，凡事皆有度，谦虚一旦过度，就变成自卑，变得和骄傲一样阻碍我们的进步。从某种意义上说，过度的谦虚和骄傲一样使人退步。尤其是在关键场合，人们常常因为自卑变得怯懦，不愿意在他人面前展示自己，也极度缺乏自信。长此以往，他们必然陷入自卑的陷阱之中而无法自拔，也因为害怕失败而与成功绝缘。

黑格尔是德国大名鼎鼎的哲学家，他曾经说："自卑总是和懈怠相伴而行。"从心理学的角度而言，自卑是一种性格上的缺陷，自卑者往往低估自己、缺乏自信，也因而妄自菲薄。纵观古今中外，细心的人会发现，每一个成功者都充满自信，他们相信自己有能力获得成功，并且为此不懈努力，最终才真正获得成功。因而，在追求梦想的过程中，我们一定要看得起自己，摆脱自卑的泥沼，才能展翅翱翔。记住，谦虚和自卑永远有着本质的不同，我们可以谦虚，却不能自卑，更不要妄自菲薄，因为别人无心的评价就轻易改变自己。我们要有足够的自信，相信自己是这个世界上独一无二的个体，这样才能帮助自己成就人生，收获快乐。

库伯作为美国大名鼎鼎的法官，任何人都难以想象出他年轻时是一个多么胆小怯懦的人。原来，库伯出身贫寒，他的父母都是贫穷的人，父亲是个裁缝，母亲则是个普通的家庭主妇，这也就注定了他们的家只能在贫民窟里，而且一贫如洗。因为家里没有钱买煤块取暖，所以库伯从小就拎着一个破破烂烂的筐去附近的铁路上捡火车上掉落的煤渣，这让他觉得无比自卑。为了避免被同学们看到他的窘态，他常常绕道而行，从不为人知的小路穿过。然而，同学们还是很快发现了库伯的所作所为，因而他们等在库伯的必经之路上，竭尽所能地羞辱他、嘲笑讽刺他。有的时候，他们还会欺负他，把他辛辛苦苦捡到的煤渣撒得到处都是，可想而知童年时期的库伯始终生活在自卑和恐惧的阴影中。

一个偶然的机会，库伯读了《罗伯特的奋斗》这本书。在这本书里，他看到了一位和他出身相似的少年，少年始终没有向低微贫贱的生活低头，而是不屈地奋斗，最终战胜了一切困难，成为了人生的强者。从此之后，库伯爱上了作者赫拉修的书，他总是想法设法地借来赫拉修的书，然后如饥似渴地读完。在几个月后的有一天，库伯再次去捡煤渣，当看到三个鬼鬼祟祟的身影跟在他的身后，企图再次欺辱他时，他原本情不自禁地想要逃跑，最终却勇敢地抓起煤筐中的煤渣，就像一个真正的英雄一样勇敢无畏地朝着那三个身影走过去。这场硬仗之后，库伯彻底扬眉吐气，再也不害怕任何人的欺辱了。从此之后，他的人生字典中再也没有自卑二字。

库伯的成长经历决定了他的自卑胆怯和懦弱，然而，在受到书中人物的鼓舞之后，他的精神世界越来越充实。也因此，精神上的巨人让他成长为真正的巨人，使他在备尝生活的艰辛之后，变成了人生的强者。

无独有偶，大家都知道举世闻名的笑星卓别林，他在荧幕上给无数人带来了快乐。殊不知，卓别林刚刚开始从事演艺事业时，也很喜欢模仿他人，他总是模仿其他的笑星，但是最终毫无所成。广大观众希望从荧幕上看到与众不同的表演，而不只是看到盲目的模仿。意识到这一点之后，卓别林不再模仿那些成功的喜剧演员，而是发掘自己的特点，让观众们在荧幕上看到与众不同的自己。最终，他走出了自己的独特演艺道路，也才真正最大限度地发挥了自己的才能。

在这个世界上，每个人都是独一无二的个体，每个人都有自己与众不同的脾气秉性、性格爱好。我们唯有更爱自己，才能做到拥抱和珍惜生命。其实，对于任何人而言，坚持自我、高看自己一眼，都是难得可贵的品质。因此，我们每个人都要坚持自己，也要高看自己，不要盲目地模仿他人，更不要毫无原则和底线地改变自己，这样我们才能拥有与他人截然不同的独特人生，也才能赢得他人的认可和赞赏。做自己，这是我们最重要的人生目标。

克服自卑，实现超越

我们都知道，人的潜能是无限的，它是人的能力中未被开发的部分，它犹如一座待开发的金矿，蕴藏无穷，价值无比。一个人最大的成功，就是他的潜在能力得到最大限度地发挥。但这一前提是，无论你的理想多么崇高，要实现你的理想你就必须克服自卑，实现超越。然而，大道理谁都会说，但关键是，我们如何才能做到。

在克服自卑之前，我们首先要做到的是承认自卑，坦然淡定地接受自卑情结，抗拒对摆脱自卑无济于事。

要知道，没有人是毫无缺点的，只是在我们的内心中，这个缺点的份额的大小问题。如果我们将缺点无限制放大，那么它将会腐蚀我们的心，阻碍我们成功；而如果我们能正视缺点，并在心理上把缺点限制在一定的范围内，它就会成为我们努力和奋斗的催化剂，助我们成功。

心理学家认为，要想克服自卑，从自卑走向超越，还需要做到的是：

1.运用补偿心理超越自卑

这种补偿，其实就是一种“移位”，即为克服自己生理上的缺陷或心理上的自卑，而发展自己其他方面的长处、优势，赶上或超过他人的一种心理适应机制。正是这一心理机制的作用，自卑感就成了许多成功人士成功的动力，成了他们超越自我的“涡轮增压”。

2.昂首挺胸，快步行走

许多心理学家认为，人们行走的姿势、步伐与其心理状态有一定关系。懒散的姿势、缓慢的步伐是情绪低落的表现，是对自己、对工作以及对别人不愉快感受的反应。步伐轻快敏捷，身姿昂首挺胸，会给人带来明朗的心境，会使自卑逃遁、自信滋生。

3.学会微笑

我们都知道笑能给人自信，它是医治信心不足的良药。如果你真诚地向一个人展颜微笑，他就会对你产生好感，这种好感足以使你充满自信。正如一首诗所说："微笑是疲倦者的休息，沮丧者的白天，悲伤者的阳光，大自然的最佳营养。"

总之，我们要明白，站在人生的舞台上，我们真实的表演并非为博得别人的掌声，更多的是为了得到自己心灵深处的快慰。

4 .以自己的方式追求自我

的确，青春期是个性张扬的时代，尤其是初高中阶段的人们更主张"个性解放"，因此，你完全可以有自己喜欢的发型、喜欢的流行音乐、说家长们搞不懂的流行话语……

这些方法可以很好地改善你的自卑情结。

总之，你要随时告诉自己：我是自信的，我是美丽的，我有实力，我的专业能力是最棒的！你必须有自信心，对认准的目标有大无畏的气概，怀着必胜的决心，主动积极地争取。

第3章
明确目标，没有方向，梦想也只能是梦

我们都知道，梦想的实现并不是一蹴而就的，而是建立在阶段性的目标的基础上的，需要以奋斗为基石，所以我们需要制订目标和计划，计划和目标，能对我们的行动起到指引作用。无论我们做什么都是如此，制订目标是实现最终成功的必由之路，否则，我们想得再多也是徒劳，都是泡影，只有在清晰的目标的指引下，我们才能一步步朝着梦想迈进。

没有目标，理想就只能是空想

我们可以发现，那些大凡做出巨大成就的人，都清楚地知道自己想成就的是什么。当然，他们绝不像太平洋中没有航标的船只一样，随风漂荡。成就梦想，定下目标是第一步，然后思考：如何达成自己的目标。这道理似乎听起来好像是老生常谈，但令人惊讶的是，许多人都没有认清：为自己制订目标以及执行计划，是唯一能超越别人的可行途径。

成功者的行为都是有目的性的行为，一般来说，没有目的性的行为是很难成功的。有可能你想成为一名政治家，想成为一名流行歌手，想成为一名将军……但是，生活中没有目标的人就是可怜的糊涂虫，他们永远没有办法找到成功的途径。车尔尼雪夫斯基曾说："一个没有受到献身热情所鼓舞的人，永远不会做出什么伟大的事情。"一旦人们失去了目标，就意味着失去了人生的推动力，失败必将来临。当然，在追寻目标的过程中，我们应该有自己的立场，因为我们的生命不需要被保证。

一个没有目标的人就像是一艘没有舵的船，永远过着漂泊不定的生活，只会到达失望和丧气的海滩。为什么许多人即使付出了艰辛的努力，但还是无法成功？其实，这是因为他的目标总是模糊不清或者根本没有实际可行的目标。在生活中，一旦我们确立了清晰的目标，也就产生了前进的动力，所以，目标不仅仅是奋斗的方向，更是一种对自己的鞭策。

有人曾这样说，一个人无论他现在的年龄多大，其真正的人生之旅，是从设定目标那一天开始的，之前的日子，只不过是在绕圈子而已。要想获得成功，我们就必须拥有一个清晰而明确的目标，目标是催人奋进的动力。如果你缺失了目标，即使你每天不停地奔波劳碌，却还是无法获得成功，而成功者之所以能轻松地走向成功，那是因为他们的目标明确、眼光长远。

而实际上，生活中，很多人因为无法承担追求梦想带来的困难和痛苦，就选择追求安稳的生活，每天两点一线，上班、回家，回家、上班，逐渐对梦想失去激情，而当他们看到他人风光无限或是衣食富足时，又嫉妒得要命。天上不会掉馅饼，即使掉了也不一定会砸到你的头上，凡事有因才有果，你付出了才能有回报，甘于现状、不思进取却又企望富贵发达，这就是“白日做梦”。

为此，为成功奋斗的人们，从现在起，你只需树立一个正确的目标，调动你所有的潜能并加以运用，便能带你脱离平庸的人群，步入精英的行列之中。你可以记住以下几点：

1.关注未来，不要满足于现状

独具慧眼的人，往往具备人们所说的野心，是不会被眼前的蝇头小利所吸引而放弃追求梦想的愿望，他们一般会用极有远见的目光关注未来。

2.不要把梦停留在“想”上

梦想可以燃起一个人的所有激情和全部潜能，载他抵达辉煌的彼岸。但有了梦想，不要把“梦”停留在“想”上，一定要付诸行动，制订目标，这才能够带给你真正需要的方向感。

诚然，我们都渴望成功，都有自己的梦想，但梦想并不是参天大树，而是一颗小种子，需要你去播种、去耕耘；梦想不是一片沃土，而是一片荒芜之地，需要你在上面栽种绿色。如果你要想成为社会的有用之才，你就要“闻鸡起舞”，甚至需要你“笨鸟先飞”；如果你想创出惊世之作，就需要你呕心沥血……梦想的成功是建立在阶段性目标的基础上，需要以奋斗为基石，如果你想实现你心中的那个梦想，就行动起来吧，为之努力，为之奋斗，这样你的理想才会实现，才会成为现实。

每个追梦者都要找准自己的方向

人生最重要的不是你所处的位置，而是你所前进的方向。蒲公英历经艰辛归于灵魂的净土，找到了自己的方向。然而，生活中的不少人，似乎每天都在忙碌，但却总感觉自己好像少了什么，其实，就是缺少方向，有模糊的目标，缺少了清晰的方向。我们每个人都必须有一个正确的方向，不管你多么意气风发，不管你是多么足智多谋，不管你花费了多少心血，假如没有一个明确清晰的方向，就会感到茫然，甚至在前进的路途中渐渐丧失斗志，忘却最初的梦想。

的确，任何理想不经过实践和行动的证明，都将是空想。只要你心有方向，立即行动，任何理想都有实现的可能，相反，没有方向的路，走得再多也是徒劳。为此，我们能看出目标在追求理想的过程中的指引作用。

富兰克林曾说："宝贝放错了地方就成了废物。"年轻人要找准自己的方向，学会经营自己擅长的项目，能够让自己的人生增值；而经营自己的短板，只会让自己的人生贬值。伊辛巴耶娃无疑是聪明的，她放弃了自己喜欢但不能发挥自己优势的体操运动，转而选择更具优势的撑竿跳运动，从而成就了自己的世界冠军梦想。所以，别把时间浪费在难以弥补的缺点上面，不要再让短板阻碍自己的成功之路。

荷马史诗《奥德赛》中有一句至理名言："没有比漫无目的地徘徊更令人无法忍受的了。"没有方向的迷茫会造成内心的恐慌，在徘徊中挣扎，最终度过一个平庸的人生。因为无头苍蝇找不到方向，才会处处碰壁；一个人找不到出路，才会迷茫、恐惧。所以，找到前进的方向比努力更重要。

不断以成功者为目标，挑战和超越他们

任何梦想都是一个长期目标，在这样的目标的指引下，我们能保证大方向的正确和不失偏颇。但是过于长期的目标无疑会使人们感到疲劳，毕竟长期目标并非一朝一夕间就能实现的，就像漫长的旅途容易使人感到劳累一样，过久的拼搏奋斗却没有激励因素，同样会让人感到疲惫不堪。为此，很多人都把长期目标进行分解，使其成为若干个短期目标。当这些短期目标达到之后，人们就会感受到成功的喜悦，也会因此变得更加自信。

其实，除了分解目标之外，还可以采取为自己树立榜样的方式激励自己。尤其是当榜样为身边熟悉的朋友或者同事，甚至是兄弟姐妹时，我们因为总是能够看到对方，切身感受到对方的成功，也就更容易受到鞭策和激励。而且，因为榜样是有血有肉鲜活的生命，所以榜样不但可以激励我们努力进取、寻求超越，还可以成为我们学习的对象。所谓青出于蓝而胜于蓝，当我们真正做到这一点，一定会感受到巨大的成功和喜悦。毋庸置疑，超越成功者，我们就一定能够获得更大的成功。换言之，我们也只有获得比成功者更大的成功，才有可能超越作为榜样的成功者。

现实生活中，有很多人都做着白日梦，幻想着自己有一天一定能够变得非常伟大。实际上，一味地做白日梦并不能帮助

我们实现理想，真正切实有效的方法是从熟悉的人中找一个人作为自己的目标，等到超越他之后，再重新确立一个更优秀的人作为自己的目标。如此一个一个优秀者挑战下来，你会发现自己就像上台阶一样，已经不知不觉进步了很多，人生也发生了翻天覆地的变化。

已经升入高三的小雨最近才意识到要努力学习了，因为再不努力，真的考不上大学了。

如何才能迅速取得进步呢？成绩在班级里处于中下水平的小雨有些摸不着头脑，也貌似找不准方向。思来想去，她决定就从同桌入手。原来，每次考试，同桌的排名都比小雨靠前五六名的样子。小雨认为自己尽管求胜心切，但是心急吃不了热豆腐，也不能急于求成。

就这样，尽管小雨的目标是成为班级的尖子生，但是她却先把同桌看成了榜样和对手。经过一个月的刻苦努力，在月考中，小雨的名次果然超过了同桌，甚至还比同桌靠前一名呢！这个小小的成功让小雨非常高兴，也因而对自己更有信心了。接下来，她把坐在前排的娜娜定为目标。娜娜的成绩在班级的60个人中，排名30左右。如此一来，小雨相当于在下一次考试中还要提高五名。

确定目标之后，小雨继续努力，也因为提高五名并不需要过多的分数，所以她并不担心，不过她也没有放松，还是每天早晨都早起背诵英语单词，朗读英语课文，果不其然，英语的进步很大，小雨的总分居然上升了八个名次。接下来的时间里，她把目标定位班级排名20的小风。只需要再进步两个名次，小雨的目标是精益求精，也许只要少因为粗心错一题，目标就能实现。期中考试时，小雨非常认真细心，居然戒掉了粗心的毛病，如愿以偿地把名次提高了两名。如此循环往复，在高考中，小雨顺利考入班级前五名，进入了梦寐以求的大学，也得到了老师、同学以及父母的刮目相看。

毋庸置疑，假如小雨在成绩不理想的情况下，想要一步登天地考入班级前五名，这几乎是不可能实现的，反而还会因此给予她巨大的压力，最终导致事与愿违。如此循序渐进，把身边比自己更优秀的同学作为目标去实现、去超越，效果自然事半功倍。此外，小雨还能从一次次的暂时成功中获得信心，从而使自己的提升计划进入良性循环，也给予了她更大的力量。

其实，这种超越成功者的方法不仅适用于学习，也适用于人生中的方方面面。例如在职场上，我们不可能从一个普通职员一跃成为高层管理者，所谓饭要一口一口地吃，路要一步一步地走。当我们处于公司基层时，千万不要这山望着那山高，更不要眼高手低，唯有脚踏实地地勤奋工作，让自己一个台阶一个台阶地往上攀登，才能最终实现人生目标，也才能完成自己的梦想。

尤其是现代职场竞争异常激烈，每个人都要靠自己的实力才能得到长足的发展。假如我们一味地沉浸在对美好未来的幻想中，甚至把目标定得过高且不切实际，我们的自信心就会备受打击，导致事与愿违。那些成功人士都有自身的独特之处，我们可以学习他们的成功经验，却不能盲目照搬他们的成功模式，东施效颦只会让人贻笑大方，如果走错了人生道路，一定会追悔莫及。所以我们最需要做的就是向成功者学习，为自己的人生提供无限的可能性。

梦想要先从触手可及的小事开始

关于未来，可能不少人都有很多幻想，人们豪气万丈，为自己编织着美好的未来，或希望自己成为某个行业的精英，或拥有自己的事业等。树立理想是好事，它可以匡正你的言行，让你的努力有一个明晰的主线，但无论如何，你千万要记住，只有脚踏实地才是实现梦想的唯一途径，对理想的憧憬千万别过了头。

如果你每天把大把的时间都花在展望自己的未来上，而不制订实现梦想的计划，那么，你的梦想最终也只会遥遥无期。

爱因斯坦说：“人的价值蕴藏在人的才能之中。在天才和勤奋两者之间，我毫不迟疑地选择勤奋，她是几乎世界上一切成就的催产婆。”梦想的实现是一个过程，是将勤奋和努力融入每天的生活中、工作中和学习中，它没有捷径，它需要脚踏实地。

著名的心理学教授丹尼尔·吉尔伯特认为：当一个人憧憬未来，在他看来，他似乎已经经历了那种美好，但实际上，这不过是一个想象的黑洞，是虚无的。的确，对于未来的过分憧憬，反而会抹杀自己对未来更为可靠的理性预测。

一直以来，人们都赞赏那些有伟大梦想、眼光长远的人，但很多人在憧憬未来时，难免有几分浮躁之气。有时候，当事情还没做到一半时，他们就认为自己已经大功告成，开始飘飘然了。因此，我们需要记住的是，急功近利，只讲速度，不讲质量，看不起眼前的小事，认为如此做不出什么名堂来，没有什么意义，等等，这些于我们追求梦想无半点益处。

成功，不管什么时候，不管对谁而言，都是从最简单的小事做起。的确，知识和能力、经验的积累，就像建造房子，从砖到墙、从墙到梁，是一个循序渐进的过程，任何能力和知识的得来都不是一蹴而就的，也不是下了决心就能获得的，这是一个长期的过程。实际上，无论做什么，水滴就能石穿，每天进步一点点，并不是很大的目标，也并不难实现。也许昨天，你通过努力学习获得了可喜的成绩，但今天你必须学会超越，超越昨天的你，你才能更加进步、更加充实。人生的每一天都应该充满新鲜的东西。

我们关于梦想的勾勒应该是这样的：我目前拥有什么，我从哪里做起才能让自己的生活发生一些正面的变化。

在生活中，可能你也看到不少人一夜成名，但如果你能细究一下，你会发现，他们的成功绝不是偶然的。正如有人说的：“没有人能随随便便成功。”他们为了实现梦想早已投入无数心血，打好了坚固的基础。相反，也有一些人，他们雄心壮志、誓要成就一番事业，但终其一生却碌碌无为、两手空空。产生差异的原因就在于行动，从身边的小事开始做起、注重实践，就会出现意想不到的机遇。

因此，我们需要明白的是，梦想的实现，需要我们一步一个脚印地积累。因为进步是一点一滴不断地努力得来的。我们需要从现在起，树立最适合自己的、切合实际的梦想，才能达到激发潜能、推动人生的目的。

将每一步考虑在内，成功才会多一份胜算

对于任何人来说，理想和愿望在追求成功的道路上的重要性早已毋庸置疑，我们趁早立志，要为未来奋斗，不要让未来的我们讨厌现在的自己，要不断为自己设置更高的标准，只有这样，才能取得令人满意的出色成果。但我们需要明白的是，这一愿望的实现必须有一个清晰的规划，要考虑周全。的确，只有做到缜密行事、步步为营，才能让成功多一份胜算，大凡要把一件事情做好，一般都要经历资料收集、深入调查、分析研究、最终下结论这样一个过程。

然而，生活中，不少人始终改不了粗心的毛病，思考问题时，思路紊乱、东拉西扯，始终稀里糊涂，生活中也是粗心大意。而结果只能是，事情做不到尽善尽美。长此以往，也就形成了一些不良的行事习惯，成功更加遥遥无期。

可能你会天真地认为，那些小问题怎么会影响到大局呢？的确，只是一些细节问题，如一个小数点，但你要明白，一个小数点的遗漏不仅会影响到你这道题的演算结果，甚至会影响一笔巨大的投资款项。因此，从现在起，你一定要培养自己关注细节的习惯，一件事情，即使你做到了99%，就差1%，但就是这点细微的区别也会导致你无法做到突破。

的确，没有条理、做事没有秩序的人，无论做哪一种事业都没有功效可言。而有条理、有秩序的人即使才能平庸，他的事业也往往有相当的成就。

拿破仑是一位传奇人物，这位军事天才一生都在征战，曾多次创造以少胜多的著名战绩，至今仍被各国军校奉为经典教例。然而，1812年的一场失败却改变了他的命运，从此法兰西第一帝国一蹶不振，逐渐走向衰亡。

曾经，有位管理专家一针见血地指出，从手中溜走1%的不合格，到用户手中就是100%的不合格。为此，员工要自觉地由被动管理到主动工作，让规章制度成为每个职工的自觉行为，把事故苗头消灭在萌芽之中。也曾有位商界名家将“做事没有条理”列为许多公司失败的一大重要原因。

也许在人们心中，都有一个伟大的梦想，但成功并不是一蹴而就的，没有人能随随便便成功，这就要求你养成周密的思维习惯。做事没有条理，同时又想把蛋糕做大，这是不可能的。只有步步为营、严谨行事，才能做到更有条理、更有效率。由于你办事不得当、没有计划、缺乏条理，因而浪费了精力后还是无所成就。

要想把事情做到最好，你必须在心中为自己设定一个严格的标准，并且在做事时，你一定要按照这个标准来执行，决不能马虎。另外，在做任何一项决策前，一定要思虑周全，并做广泛的调查论证，广泛征求意见，尽量把可能发生的情况考虑进去，以尽可能避免出现1%的漏洞，直至达到预期效果。

做好职业规划，目标明确才更有动力

人活于世，任何人都有人生的目标。同样，身为职场人士，我们也应该有自己的职业目标，职业目标是引领职业成功的关键。在未来，你走的职业之路并不一定是按照你的职业规划来进行的，而在这样的情况下，做职业规划就更有必要了，因为只有这样，你才能清楚地知道自己当下所处的位置，才能看清自己现下的状况与长期目标是不是偏离了，才能做出调整等。最重要的是，目标指导行动，任何一个有抱负的职场人绝不会允许自己有拖延的习惯，从这一点看，我们也要为自己做好职业规划。

小王在刚毕业的这两年时间里做了四份工作，这四份工作分别是：民办学校的教师、教育机构的咨询员、办公器材的销售员、保险的推销员。这四份工作只有做教师与她的专业对口，其他都是在招聘单位急需用人、她也急需工作的时候达成的，那时单位不考虑她的专业，她也不考虑工作的性质，她只看薪水和招聘单位的承诺，只要薪水满意或者未来的薪水可以令她满意，她就做。

就这样，小王就像走马灯似的换了四家单位，换了四种工作。

这一次，小王拿着她的中文简历找到一个猎头，希望猎头能为她翻译成英文的简历。她说她看好了一家各方面都不错的外资企业，薪水尤其诱人，所以想制作一份英文简历试试运气。

猎头一看这份简历，发现这还是小王大学毕业时用的简历，只是在工作经历一栏多了几行字，也只有从工作经历里才能看出这不是一个应届毕业生。猎头摇了摇头。

看到猎头的反应，小王其实也明白自己的工作经历没有什么说服力，于是在叙述工作经历的时候一笔带过，而且把自己的四次跳槽进行了排列组合，将四次改成了两次。

这里，单从小王工作的种类上来看，她所从事的职业无疑是丰富的，经历也是复杂的。但是这种经历在质量上很难让人信服，实在是缺乏说服力。为什么会这样呢？因为她没有明确自己的职业目标，不知道自己要做什么、能做什么，最终失去了方向。

小王的经历说明，我们要掌握在职场的主动地位，最主要的就是要有一份职业规划。你需要明确制订未来3年、5年甚至10年、20年的职业目标，给自己的职业生涯一个定位。这就是职业规划的作用，它使你能时刻感知自己的存在。

所谓的缺乏职业规划，就是指职场人士在步入职场之前或者在职场中时，缺乏对自己能力和发展的明确认识，更没有认清自己所处的职场环境。很多职场人士，他们往往处于这种“不知己不知彼”的状态中，走一步算一步，不知道自己未来的走向如何，更不知道自己可以朝着哪个方向走。不少人连初始的职业选择都存在困难，很多人不知道自己能干什么、适合干什么、喜欢干什么。其结果，必然是做了一份自己不愿意做的工作，或者是做了一份不适合自己做的工作，可以想见，这样只会让他逐步失去工作热情，养成工作散漫和拖延的习惯，前途肯定堪忧。

那么，一个完备的职业规划是怎样的呢？

我们每个人都可以给自己定一个长期的目标和短期的目标，综合起来就是职业规划。长期目标指的是你到某一年龄段要达到的目标，而短期目标则是当下或者近期你想达到的目标，两者并不矛盾，是统一和谐的。

同时，在制订目标之前，你首先要做的就是了解自己。一方面是了解自己的能力和特长；另一方面也是了解自己的性格特点及兴趣爱好，看能否达到一个完美的结合。如果不能，那么应该偏向于哪个角度发展则需要自己理性选择。

为此，你首先要清楚地知道自己能做什么，这是基础。而喜欢做的事情却未必就有机会去做，或者说，适合自己做的事情也未必有机会去做。例如，通过职业倾向性测试可以了解自己适合做什么行业，但是现实却未必能给自己这个机会。所以，自己的能力和特长才是进入职场的基础，也是和其他人竞争的实力所在。

还有，你要了解自己的兴趣。至于自己喜欢做的事情，可以作为长远规划来处理。

现代管理学之父彼得·得鲁克有一句话：“我们大大高估了自己一年以后能够做到的事，却大大低估了5年以后自己可能做到的事。”

适合自己做的事情也未必有机会去做。例如：

长期目标（5年、10年或15年）：这个目标会帮你指引前进的方向，因此，这个目标能否确定好，将决定你很长一段时间是否在做有用功。当然，长期目标还要求我们不可拘泥于小节。东西离你越远，就显得越不重要。

中期目标（1~5年）：也许你希望自己能拥有房子、车子，能升职等，这些就属于中期目标。

短期目标（1~12个月）：这些目标就好比是在一场淘汰

制的歌唱预赛中的胜出，它能鼓舞你不断努力、不断前进。这些目标提示你，成功和回报就在前方，鼓足干劲，努力争取。

即期目标（1~30天）：一般来说，这是最好的目标。它们是你每天、每周都要确定的目标。每天当你醒来睁开眼时，你就需要告诉自己：今天相对于昨天，我要达到什么样的突破，而当你有所进步时，它能不断地给你带来幸福感和成就感。

因此，每一个身处职场的人都要先问问自己：5年之后、10年之后、20年之后我的职业目标是什么？要达成这些目标，我还需要补充什么？意向中的那个职位究竟需要在哪些方面得到提升？了解这些，也许对你的职场前景的转换更有帮助。

第4章
现在就开始行动，梦想不只是说说而已

生活中，我们每个人都有梦想，也有自己的目标，但最终执行的人却没有几个，这就是为什么有的人最终失败，有的人却成功了。想法、目标，每个人都有，计划，有的人有，有的人还不完善，而执行了的人却没有几个，这就是人们的差距为什么会这么大的原因。不同的人有不同的执行能力，我们一定要训练自己在执行之前就想清楚所有可能出现的问题，最终朝着我们的目标前进，这样才可能更好地完成任务，最终实现梦想。

再好的想法，也要行动才能变成梦想

有位伟人说过：“世界上只有两种人：空想家和行动者。空想家们善于谈论、想象、渴望，甚至于设想去做大事情；而行动者则是去做。你现在就是一位空想家，似乎不管你怎样努力，都无法让自己去完成那些你知道自己应该完成或是可以完成的事情。不过，不要紧，你还是可以把自己变成行动者的。”行动者比空想家做得成功，是因为行动者一贯采取持久的、有目的的行动，而空想家很少去着手行动，或是刚开始行动便很快懈怠了。行动者具备有目的地改变生活的能力，他们能够完成非凡的事业，与此形成鲜明对比的是，空想家只会站到一边，仅仅是梦想过这些而已。

历史上的每一个伟人，都是拥有超前的思想和超凡的行动力，并通过发挥自己的优势而赢得荣誉的。但凡每个社会上成功的人士，无不是思想与行动的统一相结合，并通过自身的努力才获取胜利的。

那么，生活中的人们，你是甘愿做一个事业有成的成功人士，还是只愿做个一点人生意味都没有的普通人呢？如果你选择前者，那么，从现在开始，你就得给自己规划一个详细的人生目标，并按照现有的自身条件去为之奋斗。只要你这么想了，也这么做了，那么你的人生最终就是成功的。

“空谈误国，实干兴邦。”大到国家，小到个人，万事万物都得由小到大。或许你现在做着看似不着边、没有前景的工作，但我们要坚信，事物发展的道路是迂回曲折的。巴纳德说过：“机会只偏爱那些有准备的人。”成功的秘诀在于行动。现在就采取行动，决不拖延，行动高于一切！把握现在的瞬间，从现在开始，心动不如行动。愚公正是因为没有空想，才用行动移开了大山。

只有做“行动巨人”才是21世纪的大写者，才具有真正的王者风范。相反，“行动的矮子”只会被岁月的潮流淘汰。

当然，“行动”并不是一个抽象空洞的词语。它需要你用坚定的信念、顽强拼搏的精神与必胜的信心来实现。对此，我们需要做到：

1.敢想敢做——有计划，有目标

一个天生胆大的人，也是一个敢想敢做的人。虽然有时候看似在冒险，也有危险，其实最大的危险不是冒险，而是一生只求平安无所作为。当然，你还要做到突破思维、不断挑战自我。只要你足够勇敢，又拥有智慧，就没有什么事情是做不到的。

2.突破自我——创造奇迹

一个人只有敢于打破现有的固定模式，才可能创造出奇迹。而奇迹不是每天都会发生的。想要奇迹发生，还要看你的行为标志和思维状况。那么，你是甘于平静，还是让生命充满色彩呢？

当你每天早晨打开窗户的时候，就会感受到一股新鲜的空气。于是，你感觉自己的身心是那么的轻松。接下来要做的事情就是，投入每天的工作当中，好像这个世界上的事情永远做不完似的。另外，你可以每天让自己多出一点新奇的想法，给生活增添一点新奇的意味。如果你这样去做了，那么，你就等于在努力突破自我，虽然现在还没有奇迹发生，但至少和原来的你是不同的了。

3.超越环境之上——做一个胜利者

环境是特定的，人是灵活的。因此，人不能被特定的环境所压制，而是要努力去冲破环境。即作为人是不能被环境所屈服的，因为我们是勇敢的。我们要超越环境之上，做一个永远的胜利者。当一个人最想做自己的时候，那就等于想解放自我，而不再做环境的奴隶。即使这样做需要付出很大的代价也不怕。

“一切用行动说话”，这大概是对我们理想的最好诠释。努力学习、工作，打好基础，社会才会接纳你，我们的目标也才有实现的可能。

远离空想，脚踏实地

我们都知道，任何人都不会随随便便成功，要成功就要突破，就不能安于现状。做到突破，就要从现在开始，一步一个脚印，逐步提高自己，抓紧时间，奋斗进取，你就能拼搏出属于自己的一片天地。所以，对于梦想，我们要记住一点，远离空想，脚踏实地，才有可能实现。

"一切用行动说话"，这是我们每个人应该记住的，仅仅只有理想是不够的，还必须付诸行动，如果没有行动，那理想永远只是空想，只是空中楼阁、海市蜃楼，那么遥不可及。

一般而论，我们的基础打得越扎实，其成长、成功的空间就越高。只有将基层工作了解透了，做事到位了，才能开始做比较复杂和难度较高的工作，这就是循序渐进。当然，要做到脚踏实地，需要我们明白几个道理：

1.调整心态

不少人，尤其是年轻人，对于一些小事或者基层工作不屑一顾，他们认为自己是干大事业的，这种心态需要调整。想干大事业，同从基层工作做起并不矛盾，把基层工作的小事情做好，就能为今后干大事业打好基础。因此，你一定要培养乐于从基层做起的心态，只有心态调整好了，才能在基层工作领域增长知识和才干。

2.耐得寂寞

越是小事，越考验人的耐性，因为小事很难给人以快乐和挑战的感受。然而，只有耐得寂寞的人，才能在小事中有所学习、有所积累，才能为实现梦想奠定基础。

3.积累经验

我们强调要脚踏实地、从小事做起，目的就是要积累经验，这就好比建造大厦的基石。我们要有意识地在企业基层工作过程中积累经验，为未来实现梦想奠定基础。这无疑是职业生涯的大智慧。

开工吧，别等到明天

生活中，我们发现，不少人有这样的行为表现：拖延缴纳水电费、推迟约会、为未完成的工作任务找借口等，当你问他时，他的回答是："急什么，时间还多着呢。"在他们看来，任何事情都可以放到明天：他想减肥，但他刚才又吃了一块蛋糕，他认为从明天开始减肥也无妨；他想花一个晚上的时间来学习一段音乐简谱，但却经不住朋友的诱惑去喝了几杯，他觉得还是明天再看吧；他想去学驾驶，但又担心自己操作不好，还是明天再说吧……明天永远是一个有希望的日子，我们不想立即做的事，都可以放到明天，然而，这只是我们的借口，总是拖延，最终我们在不断等待中浪费了生命和光阴，原本糟糕的状况丝毫未曾改变。

古人云，"明日复明日，明日何其多"，这句话是告诫我们要珍惜时间，立即行动。的确，在我们的一生中，确实有很多个明天，但如果把什么都放在明天做，那明天呢？明天的明天呢？有句话说得好，"我们活在当下"，明天属于未来，我们只有把握好现在，才能决定明天的生活。

总之，生活中的人们，无论是工作、生活还是学习，大事还是小事，凡是应该立即去做的事情，就应该立即行动，要尽全力日事日清。如果你梦想成为知识专家，那就立刻看看自己适合研究什么专业，立刻分析现在社会的前沿信息是什么，立刻专心于读书学习，选书目、定方向、写笔记，立刻开始阅读，不要拖延时间；如果你梦想成为一流的营销员，成为亿万富翁，那就立刻开始研究，产品、市场、人脉、营销，立刻拿起电话，立刻买上车票，立刻奔赴营销第一线；如果你梦想成为政治家，那就立刻学会演讲、学会写作、学会协调，立刻研究人脉、研究社会、研究管理……

向目标立即奋进，拒绝拖沓

说到拖沓的习惯，相信许多人都不陌生，因为在平时的生活中，随处可以见到它的身影。在该工作的时候上网冲浪，总是对自己说："明天再去做吧。"但是，正所谓"明日复明日，明日何其多"，在拖沓蔓延的过程中，我们错过了许多完成目标的机会。

通过大量的研究表明，那些成功人士身上最显著的共性是"说做就做"。一旦他们有了明确的目标，就会立即展开行动，一心一意、持之以恒地完成这项工作，直到完成目标为止。

曾有人问一个做事拖拉的人：“你一天的活是怎么干完的？”这个人回答说：“那很简单，我就把它当作昨天的活。”这就是拖沓的习惯，其实，拖沓岂止是把昨天的活拖到今天来干。有人给拖沓下的定义为：把不愉快或成为负担的事情推迟到将来做，特别是习惯性这样做。如果自己是一个做事拖沓的人，那么生活中我们大部分时候都在浪费时间，做一件事也需要花很多时间来思考，担心这个、担心那个，或者找借口推迟行动，但最后又为没有完成目标任务而后悔，这就是“拖沓者”典型的特点。拖沓对于成功来说，是一个讨厌的绊脚石，拖沓的习惯会阻碍目标任务的完成。所以，要想获得成功，就需要向目标立即奋进，拒绝拖沓。

在《致加西亚的信》中，阿尔伯特·哈伯德讲述了罗文送信这一情节：“美国总统将一封写给加西亚的信交给了罗文，罗文接过信以后，并没有问：‘他在哪里？’而是立即出发。”拖沓、懒散的生活态度，对许多人来说已经是一种常态，要想成为罗文这样的人，我们就应该拒绝拖沓。为此，我们要明确几点：

1.做完事情再玩

假如你觉得自己很有工作能力，可以在很短的时间内将比较困难的事情做完，那就应该在接到工作任务时马上动手做。这样你完成事情之后就可以玩得更开心，而不是在玩时总想着工作的事情。

2.给自己定期限

假如你认为时间的紧迫感可以令自己发挥超常水平，那就需要给自己制定一个期限。假如你曾经有过几次临时抱佛脚的经历，却屡遭失败，那最好还是不要尝试这种方法。

3.学会时间管理

如果平时你经常被琐事烦恼，那就应该学会时间管理，最简单的方法就是要明确自己的目标，经常想想这件事不做对自己以后有什么影响。当你学会时间管理之后，往往能够及时地完成事情。

通常来说，一个人成就的大小取决于他做事情的习惯，克服拖沓是做事情的一个重要技巧。我们要想完成既定目标、取得成功，就应该培养做事不拖沓的习惯，通过逐渐学习“吃掉那只青蛙”，不断地重复。一旦养成了这个习惯，“完成目标，马上行动”就会成为一件自然而然的事情。

凡事有计划，让行动有据可依

前面我们已经阐述过目标对于行动的重要性，而将目标细分则是计划，只有目标而没有切实可行的计划，就会导致我们的目标成为空想，最终落空。这样一来，不但我们绞尽脑汁确立的目标化为泡影，而且我们的人生也会受到影响。要想让目标实现，要想让人生充实，我们就必须制订人生计划，而且计划还要详细可行，从而督促我们一步一步、踏踏实实地实现计划，进而使人生也变得圆满。

也许有些人会说，现代社会人人生存压力都很大，还要承受工作上的各种挑战，而且生活节奏很快，根本无暇制订计划。尤其是对于千头万绪的生活，以及堆积如山的工作，更是难以分清楚轻重缓急。这的确是实情，但是恰恰因为这个实情，我们反而更要抽出时间来制订计划。要知道，没有计划的忙碌是瞎忙，也许反而会导致事与愿违。只有用心地规划好人生，秩序井然、按部就班地生活，我们才能更加条理清楚，冲破人生的迷雾。要知道，人生之中的很多事情紧急程度都不同，假如我们能够捋清思路，按照统筹的方法安排生活、规划人生，必然事半功倍。反之，我们就会事倍功半，甚至无功而返。

计划有很多种，大到人生的规划，小到一天甚至只是半天的计划，都是可以制订出来并且实施的。现实告诉我们，对于那些善于制订计划并且能够严格按照计划安排生活的人，他们的人生是高效的。反之，对于那些浑浑噩噩、当一天和尚撞一天钟、懵懂度日的人，人生是低效率的，他们甚至会浪费很多宝贵的时间。正是基于这一点，我们才要制订详细可行的各种计划，从而帮助自己合理安排时间，充实度过人生。

当然，就像只有目标没有计划是远远不够的，只有计划也依然距离成功还很遥远。在制订计划之后，我们接下来要做的就是严格执行计划，让自己的人生井然有序。正如人们常说的，有志者立长志，无志者常立志。能够严格执行计划的人，每次制订计划都能维持很长的时间。但是不能执行计划的人，时不时地就要制订计划，每次却又轻易推翻自己的计划，导致不得不再次制订计划。且不说数次制订计划需要浪费多少时间，当我们总是轻易推翻自己的计划，那么渐渐地制订计划就会变成一种形式，甚至等不到执行就会被推翻，这样一来制订计划也就失去了意义。

现在，我们可以肯定制订计划对于我们的学习、工作和生活都有着很大的好处。它不但能够帮助我们规划生活，而且会帮助我们节约时间，使我们的人生变得秩序井然。那么，如何才能制订行之有效的计划呢？

首先，在制订人生计划的时候，我们要牢记人生目标，这样才能始终保持目标，决不偏离。

其次，在制订小的人生计划时，诸如制订一段时间内的工作计划，我们必须对工作的量有个总体把握，这样才能在有限的时间里实现合理安排工作，做到劳逸结合。

最后，需要注意工作计划与工作日程是不同的。工作日程更像是一天的时间安排，但是计划则是有思考地对工作进行长期规划。

在日常工作中，如果不做计划、不按章办事，轻则让事情杂乱无章、没有眉目，重则会让自己无意中犯下重大的错误。

没有一个人会不犯错误，尤其当一个人凭感觉做事的时候。每一个企业的规章制度，每一个行业建立的流程，绝对都有它的合理性，是经过前人千锤百炼才总结出来的管理理论，是经过无数次的整合和实践才总结出来的行之有效的方法。

就拿简简单单的流水线作业来说，20世纪初，在福特汽车厂内，专业化分工非常细，仅一个生产单元的工序就多达7882种。福特通过反复实验，确定了一条装配线上所需的工人数目，以及每道工序之间的距离。这些全是通过最精确的数字计算和反复实践的结果，不要看不起这些，打乱一个小细节，整条流水线就会瘫痪。

做事情如果随心所欲，在平时可能仅是有点忙碌、手足无措。可一旦到了真正需要相互配合、严丝合缝的协调工作的时候，这种杂乱无章的状态就会带来很大的乱子。所以，再忙也要有章有序，从现在开始，分析造成混乱的原因，通过科学的方法来调整混乱的状态，从而有效率地工作吧！

总而言之，制订计划是相对容易的，要想让计划起到预期的效果，最重要的是在制订计划之后坚持实施。无论如何，在这个世界上通往成功的道路只有一条，那就是脚踏实地、勤勤恳恳。再好的想法或者规划，如果不能落实到实际行动上，就会变成毫无意义的空谈。反之，即使我们的计划不够完美，但是只要我们能够坚持不懈地按照计划去做，那么日久天长，也必然卓有成效。

第5章

立即去做，别总瞻前顾后

曾经有人说过这样一句话："成功的人生，一言以蔽之：蓄势待发。"这句话应该成为每个正在倾尽全力为目标奋斗的人的人生格言。因为成功的秘诀在于行动，当机遇来临的时候，你要做好把握住它的准备。当然，对于现在的你，应该立即去做，别再瞻前顾后了，只有这样，你才更易受到机遇的垂青。

瞻前顾后，只会一事无成

很多时候，我们都有着自己的想法：要么创业成功，要么希望进入自己梦寐以求的公司，谋得一个称心如意的职位，等等。但是，有的人能够实现自己的愿望，拥有成功的人生；而有的人却不管怎么努力就是达不到自己的理想，过着不幸福的日子。

约瑟夫·墨菲说："决定你命运的绝不是才能，更不是坏境和外在条件，而是你的思考方式，即你的想法。"从现在起，想象自己成为什么样的人，然后让这种"心想"成为一种习惯，在潜意识强大的力量之下，自己真的会成为想象中的人。你想成为什么样的人，就努力去成为这样的人；你想成就什么事业，就马上去行动。为什么不呢？因为年轻就是资本。

人生的精彩源于梦想的精彩，你的行为决定成就的高度。其实，我们每个人都是自己命运的设计师。人生的道路该如何去走，向着什么方向去走，最终要达到什么样的目标……所有这些问题都应该是站在我们自己的立场去回答，而不需要向别人保证。如果我们想去做事情，为什么不去呢？如果我们失去了尝试的勇气，那么一生也不会有什么大的作为。

有一个年轻人，长相帅气，为人厚道，但就是有个缺点，做事优柔寡断，就连追女孩子也是如此。

一天，年轻人很想到他的爱人家中去，找他的爱人出来，一块儿消磨下午的时光。但是，他又担心，不知道他应该不应该去，怕去了之后，或者显得太冒昧，或者他的爱人太忙，拒绝他的邀请，但是不去吧，他又很想念他的爱人。于是他左右为难了老半天，最后，他还是勉强下决心去了。

但是，当车一进他爱人住的巷子时，年轻人就开始后悔不该来：既怕这次来了不受欢迎，又怕被爱人拒绝，他甚至希望司机现在就把他拉回去。车子终于停在他爱人家的门前了，他虽然后悔来，但既然来了，只得伸手去按门铃，现在他只希望来开门的人告诉他说："小姐不在家。"他按了第一下门铃，等了3分钟，没有人答应。他勉强自己再按第二次，又等了2分钟，仍然没有人答应，于是他如释重负地想："全家都出去了。"

年轻人带着一半轻松和一半失望回去，心里想，这样也好。但事实上，他很难过，因为这一个下午没有安排了。

年轻人万万没有想到的是，他的爱人原本就在家里，这个女孩从早晨就盼望这位先生会突然来找她，带她出去消磨下午的时光，她不知道他曾经来过，因为她家门上的电铃坏了。

故事中，这个年轻人如果不是那么患得患失、瞻前顾后，如果他按电铃没人应声时，就用手拍门试试看的话，他和爱人就会有一个快乐的下午了。但是他并没有下定决心，所以他只好徒劳往返，让他的爱人也暗中失望。

可见，有时候思虑周全并不为过，但千万不能瞻前顾后。所谓不要瞻前顾后，就是不必想太多，不要考虑别人如何评价我们、如何看待我们、我们能得到什么回报、得到什么奖励表扬荣誉。别人的评价是在我们的事情之后，而不可能在我们的行动之前或同时，而且是在我们做过之后很久很久，才会有客观、中肯的评价。那些及时的、同时的表扬和奖励都是安排的和鼓励性质的，不是真正客观、准确的评价。事实上，许多事是应该用勇气和决心去争取的。

许多年轻人总是说："我想做……"但他们总是停留在口头表达，迟迟不肯行动，前怕狼后怕虎，又想去做但又担心失败，结果就是卡在那里。多年后，他们依然平平庸庸，事业也不见起色。实际上，年轻人因为有年轻的资本，哪怕失败了也可以一切重来。如果你总是犹豫不决、怕前怕后，那只会一事无成。所以，年轻人要珍惜自己的美好时光，想去做就去做，没有理由可以阻挡我们。

为自己加油鼓励，没有什么不可能

大屏幕上一次次的颁奖，令人心动不已，谁都想走一次红地毯，谁都想触碰奖杯的荣誉，人生若是得此殊荣，自然是一种幸运、一种辉煌。但是，如此巨大的荣誉和成功却不是每个人都能得到的。生活中的我们如此平凡，但是，请不要忘记为自己加油喝彩。美国的一位心理学家曾说："不会赞美自己的成功，人就激发不起向上的愿望。"随时为自己加油往往能带给自己欢乐和信心。当你的信心增强了，又会鼓励你获得更大的成就，与此同时，你的自信心将会进一步增强。

但在现实生活中，有的人对自己缺乏信心，他们总是期望得到别人的掌声。对于这样的情况，一位成功者说："别在乎别人对你的评价，否则，反而会成为你的包袱，我从不害怕得不到别人的喝彩，因为我会随时为自己鼓掌。"在人生的路途中，我们要保持思路清晰，随时为自己的壮志加油喝彩！

生活中有许多困难与挫折，面对这些困境，许多人总是不由自主地说"我不能……"在这样一种心理的影响下，他们不敢正视现实中的挑战，对自己缺乏信心，最后导致自己的潜力并没有得到充分的发挥。其实，许多人之所以不能成功的原因在于：缺乏自信，总是被"我不能"左右。所以，不妨试着把"我不能"埋在地下，相信自己，为自己加油鼓劲，用积极乐观的心态来面对一切，这样困难与挫折就会迎刃而解。

有一天，贝勒夫人给学生带来了特别的一节课。开始上课了，贝勒夫人首先让学生在纸上写出自己不能做到的事情。一个10岁的女孩子这样写道："我无法完整地背出太长的课文""我不会骑脚踏车""我不知道怎样才能让别人喜欢我"……

虽然她已经写了半张纸，却丝毫没有停下来的意思，仍认真地写着。贝勒夫人也忙着写自己不能做到的事情：“我不知道如何让孩子的家长都来”“我不知道怎样帮助玛丽提高她对数学的兴趣”，等等。过了10多分钟，许多学生都已经写满一张纸，有的学生开始打开了第二张纸，不过，贝勒夫人及时制止了这一行为：“同学们，写完一张就行了，不要再写了。”学生按着贝勒夫人的指示，把那些写满“不可能做到的事情”的纸对折，然后按顺序来到讲台，把纸放进一个空的鞋盒里。

等所有的纸条都放进去以后，贝勒夫人把自己的纸也放了进去。然后，她将盒子盖上，夹在腋下领着学生走出了教室。路过杂物室的时候，贝勒夫人找了一把铁锹，领着学生来到了操场，她挑选了一个最边远的角落，开始挖坑。10分钟后，坑挖好了，贝勒夫人吩咐学生将那个鞋盒埋在“墓穴”里，贝勒夫人神情严肃地说：“孩子们，现在请你们手拉着手，低下头，我们准备默哀。朋友们，今天我很荣幸能够邀请到你们前来参加‘我不能’先生的‘葬礼’，‘我不能’先生在世的时候，曾经与我们的生命朝夕相处……您的名字几乎每天都要出现在各种场合，当然，这对于我们来说是非常不幸的……我们更希望您的兄弟姊妹‘我可以’‘我愿意’‘我立即就去做’等能够继承您的事业……愿‘我不能’先生安息吧，也祝愿我们每一个人都能够振奋精神，勇往直前！阿门！”

接着，贝勒夫人带着学生回到了教室，还举办了一个庆祝活动。贝勒夫人用纸剪成了一个墓碑，上面写着“我不能”，中间则写上“安息吧”，下面还标明了日期。贝勒夫人将这个墓碑挂在了教室中，每当有学生无意中说出“我不能”的时候，贝勒夫人就会指着这个墓碑，学生便会想起“我不能”先生已经死了，进而想出解决问题的办法。

永远不要让“我不能”禁锢自己的手脚，要对自己充满信心，随时为自己加油，勇敢地向前迈一步，坚持到底，那么，“我不能”就变成了“一切皆有可能”。不可否认，为自己加油是找回自信的最佳途径。不断地为自己加油，告诉自己“我一定能行”，通过肯定自己来不断地增强你奋力向前的信心，从而获得成功。

无论是生活中还是工作中，我们都难免会遭遇到坎坷、曲折、磨难，这时，我们会感到痛苦、迷茫。但是，这些都不是最可怕的，可怕的是自己先否定了自己，自己摧毁自己。

所以，在关键时刻，更需要相信自己，为自己加油，要坚信命运的钥匙永远掌握在自己的手中。摔了跟头，应该立即爬起来，为自己鼓劲，为自己喊声“加油”；当我们取得一次小成就的时候，应该对自己说“我真棒”；当困难来临的时候，记得给自己打气，对自己说“我一定能行”。那些能为自己加油、喝彩的人，他们一定会是成功生活中的强者。

下决心立刻去做，你的梦想往往会实现

生活中，我们总是有希望而不去抓住，有计划而不去行动，坐视各种希望和计划慢慢地离我们远去。行动就是力量，一万个空洞的说教远不如一个实实在在的行动。如果你真的下定了决心并且立刻去做，你的梦想往往会实现。

成功者的成功，要么给普通的人以莫大的成功动力，要么给他们以莫大的压力。成功者也是普通的人，唯一的差别在于他们比普通人多做了某些事情，于是他们成功。你之所以还仅仅是在想成功，是因为现状还没有将你逼上绝路，你还能混下去。篮球场上得分最多的人一定是投篮次数最多的人，同时也是投篮而没有进球次数最多的人。大量的行动可能包含大量的失败，但同样包含大量的成功，重要的不是有多少次失败，而是得到了多少次成功。

人生所有的理想和目标都是在付诸行动后才实现的。如果不行动就不会有任何收获。因此，当你有一个好的计划时先开始做，只有在做的过程中才能发现问题，才能根据出现的问题解决问题，才能把梦想最终变为现实。当你的燃起心灵冲动的火花时，你就要想尽一切办法去实现你的愿望，而一旦你的梦想变为事实时，你的自信心会增强，又会促使你在下一次行动时更得心应手，这样就形成了良性循环。

然而，在生活中，不少人似乎都有着行事拖延的习惯，拖

延是一种阻碍人成功与发展的恶习，是可怕的精神腐蚀剂。试想一下，你如果拖延了一件事，那必定就占用了之后处理其他事情的时间，如此积累，你将拖延多少事、浪费多少机遇、造成多大的损失呢？不仅如此，拖延的习惯还会滋长人的惰性，人一旦产生了惰性，便失去了前进的动力。拿破仑因为迟到了1分钟而导致兵败滑铁卢，我们又会因为拖延失去什么呢？

相反，立即去做才是高效行事的开始，是在相应的时间处理相应的事。拖延是一种顽固的恶习，但绝不是不可改变的天性。一旦你摈弃了拖延的坏毛病，那你就等于成功了一半。为此，我们要记住：

1.快速行动

假如你具备了知识、技巧、能力、良好的态度与成功的方法，懂得比任何人都多，但你也可能不会成功。因为你还必须行动，一百个知识不如一个行动。假如你终于行动了，但还是没有成功，那是因为太慢了。在现代社会，行动慢等于没有行动。你只有快速行动，立刻去做，比你的竞争对手更早一步知道、做到，你才有成功的机会。

2.快速执行计划

人生总是有很多的机会到来，但总是稍纵即逝。我们当时不把它抓住，以后就可能永远失掉了。有计划没有什么了不起，能飞快地执行定下的计划才算可贵。成功的人生就是持续不断地向自己发出闪电般的挑战，恒久追寻生命最为壮丽的美好未来。成功的重要秘诀，就是用最短的时间做出最强有力的行动。

机会来临不要犹豫，马上行动，这是你走向成功的必经之路。比尔·盖茨说："你不要认为那些取得辉煌成就的人，有什么过人之处，如果说他们与常人有什么不同之处，那就是当机会来到他们身边的时候，他们会立即付诸行动，决不迟疑，这就是他们的成功秘诀。"

机遇转瞬即逝，别指望它会第二次敲门

生活中，总能听到有人抱怨老天不公的声音，抱怨上天没有赋予自己良好的机遇。其实不然，上帝对待每个人都是公平的，所以给予大家机遇的机会其实是同等的。也许这个机遇并不是那么的明显，也可能是在你没有预料到的情况下出现，这种时候，能不能取得成功，就看你是不是能抓住机遇了。

机会犹如白驹过隙，稍纵即逝。只有拥有一双慧眼，抛开内心的优柔寡断，才能抓得住它。常有人说："抓住机会，见机而动。"这其实并不难理解，但许多人却遗憾地并没有抓住属于自己的机会，最终失去了获得成功的资格。

生活中的你，不要总是抱怨没有好的机会降临在你身上，不要总想着会有兔子撞死在你面前。成功的机会无处不在，关

键在于你是否能紧紧地抓住。聪明的人能从一件小事中得到大启示，有所感悟，化为成功的机会；而愚笨的人即使机会放在他面前也不知。

有人说，人生有三大憾事：遇良师不学，遇良友不交，遇良机不握。很多人把握不住机遇，不是因为他们没有条件、没有胆识，而是他们考虑得太多，在患得患失间，机遇的列车在你这一站停靠了几分钟，又向下一站行驶去了。我们生活在一个激烈竞争的时代，很多机会本来就是稍纵即逝的。每每，在优柔寡断的人左思右想的时候，机会已经溜到别人手里，把他远远地抛在了后面。

要知道每一个机会的到来都是不会提前跟你打招呼的，它总是悄悄地来，然后试图让你去发现它、抓住它。如果你是有心人，拥有一双慧眼，就会理智地抓牢它；如果你认识不清、把握不准，那么即使机会就在你面前，也会与你擦肩而过。

机会稍纵即逝，所以，要把握时机确实需要眼明手快地去“捕捉”，而不能坐在那里等待或因循拖延。西谚说：“机会不会再度来叩你的门。”徘徊观望是我们成功的大敌，许多人都因为对已经来到面前的机会没有信心，而在犹豫之间把它放过了。“机会难再”，即使它肯再来光临你的门前，但假如你仍没有改掉你那徘徊瞻顾的毛病，它还是照样要溜走。

其实，机会对每个人都是公平的，关键看你有没有捕捉机会的敏锐性，如果没有，那么即使苹果接连不断地往下掉，你也只能看到表象，而看不到万有引力的本质。要想练就这种敏锐性，我们就必须学会见机而动，还必须学会善择良机。但是良机不会就这么赤裸裸地摆在每个人的面前，它常常掩盖在复杂的表象后面，所以我们必须养成审时度势的习惯，随时把握客观形势的变化与各方力量对比的变化，透过现象看其本质，这样方能抓住机会，成就大业。

立即去做，绝不耽误时间

当今社会，市场竞争异常激烈，市场风云瞬息万变，市场信息流的传播速度大大加快。可以说，谁能抢先一步获得信息、抢先一步做出调整以应对市场变化，谁就能捷足先登、独占商机。如果你是一个渴望在竞争中获胜的人，你就应该明白一点，这是一个“快者为王”的时代，速度已成为一个人生存乃至发展的基本法则。而要做到这点，你就要做到立即行动、毫不犹豫。与此同时，你还要着力培养自己的判断力和执行力，以提高成功的可能性。

我们可能都听过拿破仑因为晚了1分钟而兵败滑铁卢的故事。拿破仑十分珍惜时间，他知道，每场战役都有“关键时刻”，能否把握住这一时刻决定战争的胜败，稍有犹豫就会导致灾难性的结局。拿破仑说，奥地利军队之所以不敌法国军队，是因为奥地利军人不懂得1分钟的价值。同样，历史毫不留情地在拿破仑身上重演，在滑铁卢战役中，拿破仑自己就因为晚了1分钟而被敌人打败，就因为这短短的1分钟，拿破仑被送到了圣赫勒拿岛上，成了阶下囚。

生活中，大多数人都很希望成功，但他们却只愿意做很少的努力。而那些成功者之所以会成功，是因为他们即使害怕也会行动，而大多数人正是因害怕而没有作为。

不得不承认的是，在机遇面前，人们不同的态度产生了不同的结果。那些迟疑、犹豫的人最终只能与之擦肩而过；而勇敢、主动的人却能积极努力，于是便赢得了机遇的倾心。你可以说这是偶然，但你又怎能说这不是必然呢？千万别轻视那小小的一步，它可能会改变你的一生。

人们常说，是金子总会发光，其实不然，不是每一位有才华的人都一定会飞黄腾达。当机遇不来的时候，怨天尤人也无济于事。当机遇来临的时候，犹豫不决、畏缩不前则是你自甘平庸的症结。

总之，任何一个人，若渴望获得一番成就，都要有强有力的执行力。因为执行是最重要的，执行力就是竞争力，成败的关键在于执行。

培养主见，迅速决策

你是否经历过以下场景：这周末你准备去市图书馆学习，但是周五晚上，你的死党给你打电话，希望你参加他举办的聚会。你怎么办？是去学习还是经不住他的诱惑？如果你选择后者，那么，这只能说明你是个容易被他人影响的人。

成功学创始人拿破仑·希尔说："生活如同一盘棋，你的对手是时间，假如你行动前犹豫不决，或拖延行动，你将因时间过长而痛败，你的对手是不容许你犹豫不决的！"

因此，如果你是个希望提高执行力和渴望有所作为的人，那么，你就必须努力成为一个有主见的人。做任何事，在做抉择时，如果你左思右量，那只能延误时机。的确，有时候，思虑周全并不为过，但千万不能瞻前顾后。所谓不要瞻前顾后，就是不要考虑别人如何评价我们、如何看待我们、我们能得到什么回报、得到什么奖励表扬荣誉。

不得不说，工作和生活中的那些拖延者，有很大一部分都是因为缺乏主见、被别人左右行为而在拖延时间、浪费生命。他们太容易被周围人们的闲言碎语所动摇，太容易瞻前顾后、患得患失，以至于给外来的力量可以左右他们的机会，这样，似乎谁都可以在他们思想的天平上加点砝码，随时都有人可以使他们变卦，结果弄得别人都是对的，自己却没有主意。

我们在执行时，对世俗复杂的环境我们能避开的就避开，不要轻信别人的胡言乱语，人要有自己的主见，要有坚定的信念，只有自己当机立断，相信自己的判断和能力，远离小人，你的事业才会成功。

的确，人世间有太多会扰乱我们心绪的因素，对此，我们要懂得调节，才能避免他人的有意干扰。为此，我们需要注意以下几点：

1.采用稳健的决策方式

有时候，你的大脑可能一个劲地陷入哪个好哪个坏的争论之中，事实上没有这个必要，只要没有明确的二者择一的要求，就不必太早决策。

2.要养成独立思考的习惯

不能独立思考、总是人云亦云、缺乏主见的人，是不可能做出正确决策的。如果不能有效运用自己的独立思考能力，随时随地因为别人的观点而否定自己的计划，将会使自己的决策很容易出现失误。

3.坚决按照某种原则执行

利与弊往往是事情的一体两面，很难分割。有的人明明事先已经编制能有效抵御风险的决策纪律，但是一旦现实中的风险牵涉到自己的切身利益时，往往就不容易下决心执行了。

4.不要总是什么都试图抓住

过高的目标不仅没有起到指示方向的作用，反而由于目标定得过高，带来一定心理压力，束缚决策水平的正常发挥。事实上多数情况下，如果没有良好的决策水平做支撑，一味地追求最高利益，势必将处处碰壁。

5.不要怕工作中的缺点和失误

成就总是在经历风险和失误的自然过程中才能获得的。懂得这一事实，不仅能确保你的心理平衡，而且还能使你更快地向成功的目标挺进。

6.不要对他人抱有过高的期望

百般挑剔，希望别人的语言和行动都要符合自己的心愿，投自己所好，是不可能的，那只会自寻烦恼。

总之，你需要明白的是，培养自己的执行力极为重要，因为机会稍纵即逝，并没有留下足够的时间让你去反复思考，反而要求你当机立断、迅速决策。如果你犹豫不决，就会两手空空、一无所获。

第6章

不惧怕失败，梦想之路从来没那么顺利

美国考皮尔公司前总裁F.比伦曾说过：“失败也是一种机会。若是你在一年中不曾有过失败的记载，你就未曾勇于尝试各种应该把握的机会。”是啊，失败是成功的必经之路，一次次的失败就是通往成功道路上的一个个里程碑，只有从失败中吸取教训、总结经验，才能让我们不断地成长前行。失败并不代表着结束，而恰恰是人生的一个新的起始点。当你失败的时候，请不要停下你的脚步，要放慢脚步寻找失败的原因，这样你接下来的步伐才会更加有力。

谁的成功都不会手到擒来

有人说，人生是一次长途跋涉，旅途中常常有曲折和险阻。如果抱着只希望走一帆风顺之路的心态，而不会转弯的人，恐怕是难以登上人生的至高点的，因为谁的成功都不会手到擒来。生活中的你也会遇到一些难题，此时，你难免会产生一些焦躁的情绪，但焦躁对于事情的解决毫无帮助，你只有静下心来，才能冷静地思考解决的方法。因此，无论发生什么，你都要记住，一定要有个好心态，不到最后一刻不要放弃。

鉴真和尚刚刚出家的时候，在住持的安排下，当了行脚僧。这可是个苦差事，寺庙里很多其他的和尚都不愿意做，只有鉴真初来乍到，别无选择。

一天，鉴真睡得昏昏沉沉，直到太阳晒屁股了，依然沉睡不醒。住持不知道鉴真怎么了，于是走到鉴真休息的地方去查看情况。真是不看不知道，一看吓一跳。原来，鉴真不知道为什么把一堆破烂不堪的芒鞋都堆在床头了。住持喊醒鉴真，问："你为何不出去化缘？这些芒鞋都是做什么用的呢？"鉴真睁开惺忪的睡眼，漫不经心地问住持："别人穿了一年的芒鞋都还完好无损，我才来寺庙里一年多，就已经把这么多双芒鞋都穿破了。我觉得我以后也应该少出门，为寺庙节省芒鞋呢！”住持当然知道鉴真的意思，因而笑着说：“既然如此，你不如再跟我出去一趟，正好昨夜才下了雨，空气很好。”

鉴真跟随住持来到寺庙前的一座土坡上，昨夜雨水很大，道路还很软烂，泥泞不堪。住持对鉴真说：“你也剃度一年了，你还记得自己最初遁入空门时的梦想吗？”鉴真点点头，毫不迟疑地说：“当然，我要光大佛法，成为世人皆知的高僧。”住持说：“那么你昨天出来化缘的时候，可曾在这条路上走过呢？”鉴真点点头：“当然，这是我每天的必经之路。”住持若有深意地笑了，问鉴真：“那么，你能把昨天走过的脚印指给我看看吗？”鉴真说：“昨天没有下雨，道路很干很硬，根本不可能留下脚印啊！”住持又笑了，说：“现在你随我一起在这条路上再走一遍，看看有没有脚印吧！”很快，鉴真跟随住持从这座土坡上走过，再回头看过，果然路上有着深深的脚印。鉴真若有所思，住持说：“看看吧，普天之下芸芸众生，有些人始终碌碌无为，有些人却能够在人生的路上留下脚印。这就是因为有的人走在平坦的路上，有的人却只走泥泞的道路。虽然艰难，但是雁过留声、人过留痕，我们在世上走一遭，也要留下自己的痕迹啊。”鉴真感到非常惭愧，因而把头垂得低低的。

这个世界上没有一蹴而就的成功，任何成功都是建立在坚持不懈的付出和努力之上。要想在人世间留下我们曾经存在的证据，我们不仅要走过康庄大道，更要走过那些艰难泥泞的道路，从而才能有所收获，人生也才能有所启迪。遗憾的是，生活中的大多数人一遇到困境就会退缩，一遇到障碍就会放弃，而根本不懂得坚持才能突破困境，让人生进入崭新的天地。从现在开始，让我们也多走走人生的泥泞道路，这样我们才能在艰难的跋涉中不断进步、坚持成长，也才能拥有充实而有意义的人生。

生活中的你，在追求梦想的过程中，可能也会遇到困难，可能你也会选择放弃。但是，请想一下，如果选择了真正的绝望，向所谓的命运妥协了，那么你就真的彻底失败了；而如果你选择另外一种心态，那么只要你继续思考，就有可能绝处逢生。

然而，失败平庸者多，主要是心态有问题。遇到困难，他们总是挑选容易的倒退之路。“我不行了，我还是退缩吧。”结果陷入失败的深渊。成功者遇到困难，他们能心平气和，并告诉自己：“我要！我能！”“一定有办法。”

当然，要突破困境，绝对不能消极等待，而要在等待中积极寻找突破口，创造条件去克服困难，从而实现从“山重水复疑无路”到“柳暗花明又一村”。

事实上，人们驾驭生活的能力，是从困境生活中磨砺出来的。和世间任何事件一样，苦难也具有两重性。一方面它是障碍，要排除它必须花费更多的力量和时间；另一方面它又是一种肥料，在解决它的过程中能够使人更好地锻炼、提高自己。

库雷曾说："许多人的失败都可以归咎于缺乏百折不挠、永不放弃的战斗精神。"的确，我们发现，一些人或满腹经纶，或能力超群，但他们却同时拥有一个致命的弱点，那就是缺乏一种抗打击的能力，往往一遇到微不足道的困难与阻力，就立刻裹足不前，没有韧性，遇硬就回，遇难就退，遇险就逃。因此，终其一生，他们只能从事一些平庸的工作。一个人跌倒并不可怕，可怕的是跌倒之后爬不起来，尤其是在多次跌倒以后失去了继续前进的信心和勇气。不管经历多少不幸和挫折，内心依然要火热、镇定和自信，以屡败屡战和永不放弃的精神去面对挫折和困境，那么，你会不断强大起来。

不要害怕失败，勇敢尝试吧

我们都知道，成功并不是一件容易的事，没有人能够一蹴而就获得成功，大多数的成功都是在尝尽失败的滋味之后，历经艰辛才得到的。因为惧怕失败，我们常常裹足不前，不敢轻易尝试。当年轻气盛的时候，年轻就是我们的资本，我们完全没有必要担心失败。因为即使失败，也比止步不前更好。我们有很多好的想法和创意，听起来像是天方夜谭，其实都是金点子。假如把这些想法付诸实践，有相当多的主意会在实践中获得成功，从而成就我们的梦想。然而，因为担心，也或许是杞人忧天，我们选择了放弃。如果没有尝试，也就没有失败，我们的人生没有失败的阴影，却也失去了成功的希望。面对苍白无力的人生，当进入暮年的时候，相信大多数人都会后悔吧。

在这个世界上，有哪件事情是没有风险的呢？可以说，凡事都有风险。在人生之中，我们常常面临机遇，有的时候，我们面临的是千载难逢的机遇。在这种情况下，我们必须张开怀抱去迎接可能到来的失败，才有可能获得成功。

古人云，失败是成功之母，还有人说，失败是进步的阶梯。的确如此，失败是值得我们感恩的。举个最简单的例子，每个人在学校的时候都经历过无数次考试，对于考试中出错的地方，老师在讲解的时候总会说“这次错的同学只要认真订正，下次就不会再错了”。事实就是如此，这次错的题目，在用心地听老师讲解并且订正之后，就留下了深刻的印象，再也不会出错了。人生也是如此。很多父母或者长辈总是对孩子各种限制和叮咛，生怕孩子走自己年少之时走过的弯路。实际上，有些错误是别人无法替代的，父母曾经犯过的错，不代表孩子也有了免疫力。只有孩子也犯了同样的错误，他才会反思自己，不再把父母的叮嘱当成耳边风。

勇敢地去尝试吧，趁着年轻，趁着一切都可以重来，即使失败了，也无怨无悔，反而心怀感恩。当你失败的次数越来越多，你会发现自己距离成功也越来越近。伟大的科学家爱迪生在发明电灯的过程中，为了寻找合适的材料当灯丝，试验了成千上万次。可以说，他的成功就是由失败累积起来的。当然，这里所说的拥抱失败并非让大家在做事情之前不考量，而是说在深思熟虑的基础上，预估最坏的情况和最好的情况，然后勇敢地去尝试。尝试，还有成功的机会，不尝试，则连失败的机会都没有。人生就是一张白纸，我们从白纸起步，不停地积累经验。很多情况下，推动我们进步的恰恰是一次次的失败。与其让金点子停留在空想阶段，不如勇敢地将其付诸实施，这样一来，即使失败了，也是切身经验，也能让你之后的想法更加成熟和可行。

失败是成功之母，失败是进步的阶梯。当你学会从失败中汲取经验和教训，你就能踩着失败的阶梯获得极大的进步。失败，是一次反省自身、完善自身的好机会。

年轻就是资本，大不了重头再来

有人说，生活充斥着酸甜苦辣的味道，只有经历了苦辣，才能体会到生活的甘甜之味。年轻人拥有美好的年纪，你的选择不同，人生经历也有所不同。有人选择安逸的生活，有人选择疯狂，而勇敢的年轻人则会在最美好的岁月里洒下汗水、种下希望，努力奋斗。

可能有些人会担心，万一失败了呢？而正是因为他们抱着这样的想法，他们才畏首畏尾，不敢行动。但他们忽略了一点，那就是年轻本就是最好的资本，失败了大不了重新来过，既然如此，又有什么好恐惧的呢？

现在的你还年轻，有无数的可能与机会，难道人生才刚刚开始，你就要过着一眼能望到头的生活吗？也许你又会说，我也想努力，想开创一番事业，但是我没有资本，而同样，年轻本身就是资本，你需要做的是找准方向，为自己制订目标，有一个良好的心态，努力学习，不断充电，对自己想做的事情有一种强烈的欲望。如果你无限渴望去做某件事情，那全世界都会给你正能量去实现。

志存远大，这是一直被我们所推崇的。但是在现实中，仅仅努力还远远不够，就如阿诺德·施瓦辛格一样。如何开动脑筋，尽快突破小目标，实现大目标，才是年轻人最应该重点费心思考的问题。总结阿诺德·施瓦辛格的成功经历，我们可以总结出这样一句话：从大处着眼，从小处着手，化整为零地循序前进。谁都妄想自己能一步登天、一夕成名，一下子便成为一个亿万富翁。有目标、有憧憬是好事，但善于规划才是硬道理。

创业是一切成就的起点。只有确立了前进的梦想，年轻人才会最大可能地发挥自己的潜力。不仅仅是有梦想，更需要行动起来，只有在实现梦想的过程中，我们才能够检验出自己的创造性，调动沉睡在心中的那些优异、独特的品质，才能锻炼自己、造就自己。爱因斯坦曾说：“想别人不敢想，你已经成功了一半。做别人不敢做的，你会成功另一半。”

年轻人，没有理由不努力，与其在暮年擦拭悔恨的泪水，不如趁年轻努力一把。年轻人要敢想敢做，勇于付出，相信没有什么是做不到的，也没有什么事能够难倒年轻的自己。人生不息，奋斗不止，只要你还年轻，就大胆勇敢地向前冲，只要坚定信念，成功就会在眼前。年轻人，只要梦想还在，那就在美好的岁月里保持前进的步伐吧！

接受失败的事实，并迅速作出调整

在我们的生活中，我们常听到人们这样说：“人有悲欢离合，月有阴晴圆缺。”的确，人生无常，没有永远的平平坦坦、一帆风顺，遇到些挫折和磨难在所难免。在失败中学会坚强，才能更好地感知生活、拥抱生活、创造生活、享受生活。

也许不少人都渴望成功，但结果并不一定如我们想象，似乎总是会出现我们无法预料的因素。那么，我们面对不能避免、不可改变的事实——失败面前，最好的态度就是认定事实，然后迅速调整自己的状态，找到问题的症结，重新起航。

我们都要明白这样一个浅显而深刻的道理，人这一生要经历许许多多的挫折。当我们所承受的挫折越多，说明你成功的机会就越大。面对挫折和失败，我们应该勇敢地、微笑地接纳它。如果你能鼓起勇气，尽自己最大的努力去战胜它，那么你就会发现，挫折和磨难的阴霾被驱散后，头顶上便是一片蔚蓝的天空。挫折和磨难对强者来说，是上天给予的奖励，强者可以从中自省自悟、吸取教训、重整旗鼓。挫折就是一份财富，经历就是一份拥有。淬火洗礼，愈挫愈坚，愈挫愈勇，坚如磐石，我们从中得到淬炼，得到成熟，得到成长，得到收获，此时的挫折和磨难，只不过是我们成功道路上的一块垫脚石。而挫折和磨难对弱者来说，是一道深不可测、无法逾越的鸿沟，甚至是他们的坟墓。驻足在这条鸿沟旁边，他们瞻前顾后、徘徊观望、唉声叹气，却没有想到这条沟正是自己给自己挖的，他们失去了战胜挫折和磨难的信心与勇气，自己放弃了很多本该和本能得到的美好东西。

你应该记住："我们最重要的工作，并非是眺望遥远的、朦胧的事物，而是实行切近的、明确的工作。"或许在我们的日常生活中，也会遭遇一些不同的挫折。这时候，要学会接受已经发生的事实，这是克服任何挫折的第一步，然后再寻找可以解决的办法，让自己从挫折中站立起来。

在顺境中多思考，我们能保持清醒的头脑、稳健前进的脚步；在逆境中多思考，我们会找到失败的症结，踏上通往成功的道路。

因此，我们要追求成功，就必须做好随时迎接艰难险阻的准备，不要因为一时的失败而灰心丧气，而应该勇敢面对、努力拼搏，始终坚信“阳光总在风雨后”。古往今来，所有的成功者都懂得“失败乃成功之母”的道理，为什么我们就偏偏要被失败打倒呢？

那么，我们该如何调整失败后的情绪然后重振旗鼓呢？

首先，要积极暗示自己。生活是千变万化的，悲欢离合，生老病死，天灾人祸，喜怒哀乐，都在所难免。一次被拒绝的失望，一场伙伴的误会，一句过激的话语，都会影响我们的心情，生活中不顺心的事总是很多，这就需要我们每个人学会调节自己的心态。怎样调节呢？最简单有效的做法——用积极的暗示替代消极的暗示。当你想说“我完了”的时候，要马上替换成“不，我还有希望”；当你想说“我不能原谅他”的时候，要很快替换成“原谅他吧，我也有错呀”等。要养成积极暗示的习惯。

其次，告诉自己“总会有别的办法可以办到”。在竞争激烈的市场中，每天都有公司成立，但也有公司停止运营。那些半路退出的人说：“竞争太激烈了，还是退出保险些。”真正的原因在于他们遭遇障碍时，只想到失败，因此才会失败。

你如果认为困难无法解决，就会真的找不到出路。因此，你一定要拒绝“无能为力”的想法，告诉自己“总会有别的办法可以办到”。

我们的人生就如同大海里的船舶，随时都可能经历风浪，没有不受伤的船，也没有不经历磨难的人生。面对失败，我们不应该一味地怨天尤人和自暴自弃，而应该学会坚强，学会乐观，学会控制好情绪，更要学会调整自己的心态。保持好精神，拥有好心情，才是至关重要的。

你可以选择失败，但不可以向挫折妥协

有谁的人生之路会是一帆风顺的呢？在我们羡慕他人的光鲜亮丽时，也许他们在背后也曾吃了我们不知道的苦。因而，不要抱怨别人的人生为何顺遂，你的人生为何总是充满挫折。正确的做法是，要学会坚强，学会独立面对人生的一切苦难，学会永不放弃，更不妥协。在海明威笔下，老人与大马哈鱼奋战，又与闻到血腥味的鲨鱼奋战，虽然几天几夜没吃没喝没合眼，但永不妥协。虽然最终他只带回了大马哈鱼的骨头架子，但是他成功了。

纵观古今中外，没有任何成功者是因为妥协才获得成功的。大多数成功者的人生道路甚至比普通人更加充满坎坷和挫折，但是他们最终之所以能够获得成功，就是因为不妥协的顽强精神。人生，峰回路转所以更美丽，迂回曲折所以更变通。人生的现实，要求我们必须学会面对一切突发的和意外的状况。因而，我们可以选择失败，也可以选择坚强不屈地面对。

毋庸置疑，在面对失败时，我们会感到万分失望，但是痛

定思痛，总结经验，我们才能踩着失败的阶梯不断进取。倘若就此沉沦，只怕再也没有机会改变现状、掌握命运。任何成功者，都不会以妥协的姿态获得成功。相反，一切的失败者，都是因为妥协和放弃，才最终导致失败。

杰出的音乐家贝多芬在与外界声音隔绝之后，坚持音乐创作并获得了巨大的成功；只受过3年正规教育，被老师认定是一个智力迟钝的学生——爱迪生，在经过不懈的努力之后，他成为了最伟大的发明家之一。失败并不可怕，只要你在失败中不断地积累经验，终究能将失败变成财富。

人生百味，每个人都不可能只尝到甜。从现在开始，让我们更加努力地面对人生的种种磨难和挫折吧。只要我们坚持不懈、永不放弃、迎难而上，就一定能够获得成功，拥有辉煌灿烂的人生。不可否认的是，现代社会的生存压力的确很大，人们也比以往更加焦虑不安。如果我们轻易认输，失败就会成为人生一道永远也迈不过去的坎。相反，如果我们永不妥协，以积极的状态面对磨难，那么我们就能够把失败变成自己走向更高位置的阶梯。不曾从失败中汲取经验和教训的人，也很难感受到成功的喜悦。摆正心态，从现在开始坦然接受失败，并且勇敢地迎难而上吧！只要你不放弃，成功就一定会属于你！

第7章

少说多做，认真专注，在专注中积蓄力量

我们发现，所有的成功者，他们的成就都非一日之功，而是经历了千锤百炼，在专注中积蓄了成功的力量。的确，他们更知道，成功就要少说多做，只有在专注的过程中，经过沮丧和危险的磨炼，才能造就天才。即使是一个才华一般的人，只要他在某一特定的时间内，全身心地投入和不屈不挠地从事某一项工作，他也会取得巨大的成就。

专注就是少想多做，努力向前

人生在世，要想有一番成就，就必须努力，就必须专注。而专注，通俗点说就是少想多做，努力向前。我们发现，那些攀岩成功的人都有个共同特征，那就是他们不会三心二意、左顾右盼，也不会向下看，他们会一直努力地攀登，这样，尽管脚下是万丈悬崖，他们也不会害怕。可见，如果我们希望成就一番事业，就必须做到内心淡定，始终朝着目标前进。很多成功者在种种经历后，回望身后的辛酸血泪之路，都会发现，真正内心淡定的人才是最后的赢家。

《传习录》记载："陆澄问：'主一之功，如读书则一心在读书上，接客则一心在接客上，可以为主一乎？'先生曰：'好色则一心在好色上，好货则一心在好货上，可以为主一乎？是所谓逐物，非主一也。主一是专主一个天理。'"王阳明的意思是："如果喜欢美色，就一心将功夫用在美色上，如果贪财就一心沉迷于贪财之上，这哪里能叫作专注。这完全叫作追逐物欲，根本就不专注。所谓专注，就是让自己的心完全符合事物的规律。"

然而，出现在我们周围的干扰因素太多，能抵抗干扰是一种意志和信念的较量。这更需要我们培养自己的专注力，无论做什么事，我们都要尽量做到“充耳不闻”，少想多做，才能训练自己的专注能力，才能一步一步进行自己的计划。

著名作家埃里克说：“当我放弃我的工作而打算写一本25万字的书时，我从不让我过多地考虑整个写作计划涉及的繁重劳动和巨大牺牲。我想的只是下一段，不是下一页，更不是下一章去如何写。整整6个月，除了一段一段地开始外，我没有想过其他方法。结果，书写成了。”

洛克菲勒也曾说过：“做事不抢时间，不求多，稳稳当当地做，就能做许多事情，这有多好！”这句话也就是在告诉我们所有珍惜时间的人在做事时都要做到循序渐进、稳扎稳打。为此，有以下四点建议：

1.不要同时做两件或两件以上的事

计算机能同时运行两个甚至更多的程序，但我们却不能“一心二用”，认为自己可以同时处理很多事是一种误区，做好事情的前提是专注。然而，我们发现，有一些人，一边学习，一边看电视，或者一边做策划案，一边上网。试想，这样怎么能聚精会神呢？这样自然不能集中精力去做事，久而久之，你便养成了一心二用的坏习惯。

为此，你必须克服这一缺点，做事时就专心做事，休息娱乐时就放松自己，经过一段时间，你会发现，自己无论做什么事都专注多了，而最重要的是，效率也提高了很多。

2.拟订做事计划

无论是学习还是其他事情，都不要把注意力过分放在整件事情上，而应该先拟订一个切实可行的计划，并努力做好第一步，而后再努力做好第二步、第三步……如此各个击破，最终达到自己的目标。

3.善于总结

无论做事的效果怎样，只有做到及时总结，才会及时反省，尤其是对于错误和失败。要知道，成功出自对错误的总结，只要能从失败中学得经验，便永不会重蹈覆辙。失败不会令你一蹶不振，这就像摔断腿一样，它总是会愈合的。大剧作家兼哲学家萧伯纳曾经写道："成功是经过许多次的大错之后得到的。"

4.要有追求完美的心态

"没有最好，只有更好"，十全十美的事做不到，也不存在，但你首先应该有一个追求完美的心态。"取法其上，得其中也；取法其中，得其下也；取法其下，不足道也。"只有与时俱进，以高标准的要求和精益求精的态度，聚精会神抠细节，才能实现突破。

明确自己的目标，一步步朝着目标前进

目标在追求梦想过程中的重要性早已毋庸置疑，一个人要

想成功，首先就得明确目标，有了目标，才有前进的方向，才不至于在前进的路途中迷失了方向。明确了目标之后，还需要朝着这个方向不断地努力，不管追寻的路途中有什么样的困难和挫折在等着我们，都需要学会忍耐和坚持，因为忍耐是一种对胜利的执着。生活中，人们听到“逆境”“挫折”这样的词总是紧皱眉头。在他们看来，逆境意味着绝路，或许，自己再也没有翻身的那一天了。但事情往往并不是这样，多少成大事者都是从逆境风雨中走了过来，从而获得了巨大的成功。

也许，你会问，同样是逆境，怎么会出现这样大的差别呢？那是因为，在逆境风雨中，那些坚持下来的人，他们有明确的目标，更懂得在追求目标的过程中学会忍耐，于是，他们往往会收获一份意想不到的礼物：或是乐观的心态，或是顽强的斗志，或是困难中的机遇，正是忍耐过程中所获得的经验与教训，铸就了他们最后的成功。在追求目标的过程中，我们总是会遇到各种各样的挫折与困难，也许我们并不欢迎逆境、磨难的到来，但是，当它们与我们不期而遇的时候，请不要调转回头。它们就好似一个魔鬼，一旦看上你，就会对你穷追猛打、不舍不弃。而那些躲避甚至逃跑的人，只会被它欺负得更加悲惨。如果你想成大事，那就应该明确自己的目标，学会忍耐，这样才能经得起逆境风雨的洗礼。

任何一个人在追寻目标的过程中，都将注定经历不同的苦难、荆棘，那些被困难、挫折击倒的人，他们必须忍受生活的平庸；而那些战胜苦难、挫折的人，他们能够突出重围，赢得成功。对于生活中的我们来说，需要明确自己的目标，而且朝着目标前进，在追寻目标的过程中，学会忍耐，因为忍耐是对胜利的一种执着。

毋庸置疑，一个不够坚持的人往往很难获得成功，他们总是因为各种各样的困难而退缩，或者半途而废。只有执着于梦想，才能够排除万难不断向前，我们的人生才是更加坚定的。执着就像一把刀，最终把人生雕刻成我们希望的样子，帮助我们顺利达到成功的彼岸。

的确，人生就像马拉松赛跑一样，只有坚持到终点的人才有可能成为真正的胜利者。著名航海家哥伦布的《航海日记》最后总是写着这样一句话“我们继续前进”。这话看似平凡，但也告诉了所有正在为目标奋斗的人们一个道理：达成目标需要无比的信心和意志力。在这个过程中，你只有坚守内心的目标，付出艰辛的劳动，才会实现蜕变、获得成功。

专注更要坚持，坚韧不拔地去做

古人云：“有志者，事竟成，破釜沉舟，百二秦关终属楚；苦心人，天不负，卧薪尝胆，三千越甲可吞吴。”这句话的意思就是，只要我们坚持到底，无论梦想多大，都有实现的可能。我们常常发现有许多人在做事最初都能保持旺盛的斗志，然而，随着遇到的挫折的增多，他们变得懈怠，热情也消减了，最终放弃了希望，失去了自己应有的成功。

的确，某些看起来平凡的、不起眼的工作，只要我们能坚韧不拔地去做、坚持不懈地去做，那么，这种持续的力量就能帮助我们获得事业上的成功。

当然，在坚持的过程中，你可能会遇到一些压力和困难，但我们要明白的是，此时你更应该有超强的意志力，再坚持一下，也许转机就在下一秒。这正如巴甫洛夫所说的："如果我坚持什么，就是用炮也不能打倒我！"

任何人、任何事情的成功，固然有很多方法，但最根本的就是需要坚持。不管遇到什么困难，只有风雨无阻并相信自己能成功，就一定能迎来曙光、迎来成功。而相反，如果我们老在前进的道路上给自己设置重重的心理障碍，如果总是让自己刚迈出的脚步又退回原点，那么又如何战胜压力走向终点呢？唯有抱着一种不怕输、不认输的精神，一种失败后再坚持一下的勇气，那么最终肯定能获得成就。

也许，现在的你可能正在从事一项简单、烦琐的工作，你感受到了前所未有的压力，感受到自己的前途渺茫，但请你记住，这才是人生的精彩之处。反之，如果一个人，他的一生太幸运了、太安逸了，就远离了压力的考验，反而变得毫无追求、苍白暗淡。一旦你失去了必要的压力，就会驻足不前，那么你就等于失去了成功的基石，有一天你会发现自己身后只剩一片悬崖。因此，面对现实工作给自己带来的压力，不要总是想着给自己减压，还要适当给自己加压。因为压力是孕育成功的土壤，只有在沉重的现实面前，压力才能将潜能激发出来。而当你无法摆脱压力时，就应该反复对自己说："感谢生命之中的压力，这是生活对我的挑战和考验。""这是上天催促我努力学习、积极工作、奋发向上的动力。"换个角度去看问题，改变态度，困难和压力会很快减轻。

事实证明，任何一个取得成功的人，都是因为他付出了超乎常人的努力。一个人要想获得人生的幸福，那么他每一天都应该勤奋工作。付出不亚于任何人的努力是一个长期的过程，只要坚持就一定能够获得不可想象的成就。

爱你所做的工作，你才能成功

人生在世，要有一番成就，就必须要有目标,这是毋庸置疑的。正是因为这一点，现实生活中的很多人，他们认为自己手头的工作毫不起眼，于是，他们总是渴望拥有一份更能发挥自己能力与价值的工作。专注于手头的工作、全力以赴，就能产生火热的激情，它能让你每天获得进步。成功始于源源不断的工作热忱，你必须热爱你的工作。热爱你的工作，你才会珍惜你的时间，把握每一个机会，调动所有的力量去争取出类拔萃的成绩。

詹姆斯巴里说：“快乐的秘密，不在于做你所爱的事，而在于爱你所做的事。”工作在我们的人生中占据了大部分最美好的时光。比尔·盖茨有句名言：“每天早上醒来，一想到我所从事的工作和所开发的技术将会给人类生活带来巨大的影响和变化，我就会无比兴奋和激动。”

苏格拉底说：“不懂得工作真义的人，视工作为苦役。”这句话的含义是，工作是否能为我们带来快乐，取决于我们对工作的看法。因为快乐的秘密，不在于做你所爱的事，而在于爱你所做的事。当我们能做到为自己工作、为明天积累时，那么，你将拥有更大的挥洒热情的空间，更多的实践和锻炼的机会。找到工作中的乐趣，能够让你在工作岗位上更主动、更积极地处理各项事务，为自己不断开创新的工作机会和发展空间。

事实上，即使你现在感觉厌烦工作，但坚持再做一些努力，忍辱负重、积极向前，这将导致你的人生发生根本大转变。

追求快乐固然没有错，但你要明白，只有踏实工作才是真正快乐的源泉。不可否认，浮躁的现象在很多人中普遍存在，具体表现在他们看不到劳动的真正价值，更做不到安心工作、心浮气躁，事情刚做到一半，就觉得前途渺茫、失去兴趣，于是，他们只能一事无成。

杰森是纽约一所著名大学的毕业生，毕业这年，他暗暗下决心，一定要扎根在这个全世界的人都羡慕的繁华大都市并做出一番事业来。他的专业是建筑设计，本来毕业时是和一家著名的建筑设计院签了工作意向的，但由于那家设计院在外地，杰森未经考虑就决定不去。如果去了，他会受到系统的专业训练和锻炼，并将一直沿着建筑设计的路子走下去。可是一想到将来几十年在一个不变的环境里工作，或许永远没有出头之日，让杰森就彻底断了去那里工作的念头。

杰森在纽约找了几家建筑公司，大公司不要没有经验的刚出校门的学生，小公司杰森又看不上，无奈他只好转行，到一家贸易公司做市场。一段时间后，由于业绩得不到提高，身心疲惫的杰森对工作产生了厌倦情绪。但心高气傲的他觉得如果自己单干肯定会更好，于是他联系了几个朋友一起做建材生意。本以为自己是“专业人士”，做建材生意有优势，可是建筑设计与建材销售毕竟是两码事。不到一年，生意亏本了，朋友们也因利益关系闹得不欢而散。

无奈之下，杰森只好再换工作，挣钱还债。由于对工作环境不满意，几年下来，他又先后换了几次工作，杰森对前途彻底失去了信心。现在专业知识已忘得差不多了，由于没有实践经验，再想做建筑设计几乎是不可能了。杰森虽然工作经历丰富，跨了好几个行业，可是没有一段经历能称得上成功……现实的残酷使杰森陷入很尴尬的境地，这是他当初无论如何也没想到的。

这里，杰森为什么一事无成，因为他总是“这山望着那山高”，一切凭兴致而定，他没有意识到真正的快乐与事业的成功都来自踏实地工作。

的确，在人生经营中，倘若劳动不能给我们带来至高无上的快乐，那么，即使你能通过其他方式获得，最终留给我们的结果不过是不尽人意的缺憾。而且，专心致志于工作所带来的果实，不仅有成就感，还可以为我们奠定做人的基础，锤炼我们的人格。

如何训练出超强的专注力

伊格诺蒂乌斯·劳拉有一句名言：“一次做好一件事情的人比同时涉猎多个领域的人要好得多。”托马斯·爱迪生曾说过：“成功中天分所占的比例不过只有1%，剩下的99%都是勤奋和汗水。”的确，我们如果在很多领域内都付出努力，精力难免会分散，也会难以进步，最终什么事都做不成。我们只有沉淀自己，一心一意去做某件事，做到不腻烦、不焦躁、埋头苦干，并坚持下去，才能有所收获。

事实上，专注力是人的自控力的重要方面，需要我们将之运用到日常行为习惯的培养中，做到坚持不懈，才能塑造出优秀的人格，历练出强有力的自制力。

很久以前，三个朋友结伴而行，准备去爬泰山。他们都背着行囊，在预定的时间赶到泰山脚下集合。为了避免互相拖累，他们决定分开行动。因为，这三个朋友的脾气秉性是完全不同的，所以他们最终爬山的结果也完全不同。

A不管做什么事情都喜欢瞻前顾后，而且很想在第一时间内知道自己的收获和成果。因而，在爬山的过程中，他每往上爬一段路程，就会扭头看看自己走过的路。当他爬到三分之一处时，回头看着山下的秀美景色，心旷神怡，颇为自负地安慰自己："我真厉害啊，居然爬得这么高了！"然而，当他沾沾自喜地又朝山上看去时，却发现山顶遥不可及。一瞬间，他觉得万分沮丧："我付出了这么多，却没有成功。"思来想去，他觉得爬山的活动根本没有意义，而且不管怎么努力，也还是在距离山顶万分遥远的山脚下。最终，他决定放弃，当即掉头朝山下走去。就这样，他半途而废了。

B非常热情，不管做什么事情都很积极。他头也不回地朝着山顶攀爬，一鼓作气地爬到了半山腰。当他坐下来休息时，看着山下的风景让人心旷神怡，因而暗暗骄傲起来："哈哈，我真是太伟大了，居然这么轻松地就来到了半山腰。当然，我也很辛苦，汗水把衣服都湿透了呢！泰山这么高，大家都是坐着索道上下，我却一鼓作气地爬到了半山腰，也算小有成就了。剩下的路，对于我这样不怕吃苦的强者，哪怕是有人背我上去，也是应该的。"就这样，他一直坐在那里等着有人背他上山，很快天就黑了，他不得不沮丧地朝着山下走去。

C是一个做事情脚踏实地的人，看起来也普普通通，没有任何出奇之处。他从未觉得爬山是件容易的事情，也做好了心理准备自己要坚持不懈。虽然起初他有一些畏难心理，但是一想到别人能爬上去，他也应该能爬上去，因而就又只埋头开始往上攀登。在他心里，他既不觉得自己有多么伟大，也不觉得自己多么卑微。他只想像很多人做到的那样，也凭借自己的实力成功登顶，享受一览众山小的畅意。就这样，他不声不吭地往上爬着，距离山顶越来越近，最终，成功登上了顶峰，看到了开阔的天地。

从这个事例中不难看出，A是个容易骄傲的人，因而有了小小的成绩马上就会因为骄傲而退步。B是个容易满足的人，他一鼓作气爬到半山腰，却不清楚自己距离山顶还很遥远，根本不是庆功的时候，最终坐在原地等到天黑，也没有人来背他上山。C，从表面上来看就是个普通人，正因为普通，所以他既不自以为大，也不妄自菲薄，而是坚信既然别人能做到，他也一定能做到。就这样，他怀着平和的心态，坚持不懈，最终成功登顶。

的确，很多成功者之所以成功，就是因为在专注的过程中，经过了沮丧和危险的磨炼，才实现了梦想。福韦尔·柏克斯顿认为，成功来自一般的工作方法和特别的勤奋用功，他坚信《圣经》的训诫：“无论你做什么，你都要竭尽全力！”他把自己一生的成就归功于“在一定时期不遗余力地做一件事”这一信条的实践。

那么，具体来说，我们该如何提升自己的专注力呢？

1.一次只做一件事

如果你决定了做一件事，那么，你就要做到专注。然后，你需要问自己：“在这些要做的事情中间，哪件事最重要？”选出那件最棘手的事，然后保证自己在接下来一段时间内只专注于它。

2.排除干扰

在你准备做一件事时，请收拾好你的书桌，关闭手机，关闭电脑的浏览器等，排除那些容易使你分心的事，你的学习和工作效率会提高很多。

3.动机

明确你办事的动机会有助于加强你的专注力，并且能让你完成任务。你要知道你为什么要去专注于某事，而且要清楚如果你不专注于此事会有什么样的后果。

此外，你可以想象一下假如你朝着一个方向前进的话，你的生活将会是什么样子的。想象一下你理想中的生活，让它清晰可见并让它时刻浮现在你脑海中。

4.深呼吸

当你开始新的一天时，问自己一个问题：“我在呼吸吗？”然后做几次深呼吸，问你自己：“我现在感觉放松吗？”如果你的回答是“不太放松”，那么先什么也不要做，然后深呼吸。

5.享受当下

当下是我们所拥有的一切，生活只存在于当下。珍视它，祝福它，感激它，体验它。不论你在做什么，一定要充实地生活……

总之，人生路上，我们不要有太多的空想，而要专注于眼前的事物。在生活和工作中，多数情况下，提升我们的专注力有利于我们的身心健康，使我们更加幸福的生活。

第 8 章

别苛求完美，完成比完美更重要

心理学家称，一些人之所以做事失败，并不是因为他们缺乏热情，也不是因为他们能力不足，而是某种形式上的完美主义倾向或者求全心理让他们迟迟不愿下手，导致了他们最后的失败。做事认真、仔细固然是好事，但是过于苛求，则明显会降低做事效率，甚至让你成为拖延症一族。为此，请记住：不要等到什么事都完美以后才去做，如果你一定要等到万事俱备的时候才动手，那么你只能永远拖延下去了。还有一点，生活和工作中对待他人和自己都宽容些，你不必追求绝对的完美，因为绝对的完美根本不存在。

别傻了，绝对的完美是不存在的

生活中的你，不知道是否曾有这样的体验：当你着手准备做某件事前，总感觉有的地方计划不到位，于是，为了完善你的计划，你迟迟未动手；购物的时候，你是否对那些打折或促销的产品不屑一顾，认为它们必定有瑕疵？上司分派给你一个任务，但你总感觉方案不够好，为此，你花费了大量的时间去求证，最终也延误了上交任务的时间；对于工作中那些看起来十分随便的人，你嗤之以鼻，认为这是不负责任的表现。

其实你自己可能也发现了，你是个完美主义者，追求完美固然是好事，但对于细节吹毛求疵，就可能影响到事情的结果，事实上，绝对的完美是不存在的。完美也只是乌托邦式美好的愿望而已。现实生活中，我们在做一件事时，完成远比完美更靠谱。

举个简单的例子，领导交代给我们某个任务，他们要看到的只是工作成果而已，他们要的并不是完美无瑕的艺术品，如果我们一味地考虑其中可能出现的漏洞而不去实现的话，那么，在领导眼里是看不到你的努力的。并且，绝对完美的事是不存在的，任何一个高效率的工作者，都会秉持“八分原则”，也就是允许二分的瑕疵存在。

同样，生活中的你，如果有自己的目标和梦想，更不必为了追求完善的计划而迟迟不肯行动，一味地拘泥于细节只会让你一事无成。

我们也可以发现，很多人工作认真、能力突出、勤勤恳恳，一些能力甚至不如他们的人都已经成绩十分显著了，但他们却总是无法成功，究其原因是什么呢？在排除其他因素的情况下，他们很可能是陷入了完美主义的泥沼。

如果我们细心地观察，就会发现，我们周围那些忙碌、不拖延的人，多半是机动灵活的，他们总是能以八十分就可以的态度完成十分艰难的工作。而完美主义者，因为总是将精力放到过多的细小问题上，要么他们拖延不动手，要么放缓了行动的速度。要知道，我们若想在这个高压的现代社会更快乐、轻松地做事，还是应该摒弃完美主义。

可见，凡事都有个度，追求完美到了一定的地步就变成了吹毛求疵。如果不达到想象中的彻底完美誓不罢休，那就是和自己在较劲了。长此以往，不但会让我们养成拖延的坏习惯，还会让我们的心里有解不开的疙瘩，我们自己也会渐渐承受不了这种越来越沉重的负担。

其实，人生不可能事事都如意，也不可能事事都完美。追求完美固然是一种积极的人生态度，但如果过分追求完美，而又达不到完美，就必然会感到心浮气躁。过分追求完美往往不但得不偿失，而且会变得毫无成就感。

的确，工作和生活中的某些烦恼，正是因为过分追求完美而产生的。如果我们苛求自己或别人把每一件事都做得完美无缺，那么我们将会失去很多东西。这个世上本来就没有完美的东西，如果一味地追求完美，最后得到的反而是不美。

总之，人生是没有完美可言的，完美只是在理想中存在，我们的工作和生活中总是有令人不满意的地方。事实上，追求完美的人是盲目的。“完美”是什么？是完全的美好。这可能吗？哪里来的“完全”，更不要提“完美”了。既然没有“完美”，那又为什么要去寻找它呢？

尽力就好，无须苛责完美

生活中，相信很多人都被告诫过，做人做事都要认真、努力，这会使得你更加完美，会让你不断进步。我们鼓励认真的态度，是为了让自己的人生变得幸福和充实，让自己减少失败的可能。然而，生活中却有一些人，他们对自己太过苛刻，无论做什么事，都要求自己做到百分之百，不允许犯一点小错，不允许生活有一点瑕疵，结果常常因为对自己太过苛求而导致身心疲惫不堪。更重要的是，他们常常因为追求完美而拘泥于细节、追求完善的计划，结果延误了最佳的行动时机。而其实，有缺憾的人生才是真实的人生，我们固然要有追求完美的态度，但凡事努力就好，无须尽善尽美。

在我们周围，有这样一些人，他们对自己定位过高，在他们看来，没将事情做得完美，还不如不做，他们从不允许自己失败，一旦自己某次工作没做到位，他们便茶不思饭不想、神情恍惚，其实这都是苛求自己的表现。他们通常比那些执行力强的人少了些灵活性，一旦他们被坏情绪缠绕，他们便失去工作动力，也就变得做事拖拉。

玲玲是一家贸易公司的主管，已经35岁的她每天忙得焦头烂额，就如她说的："连恋爱和结婚的时间都没有。"她所在的公司虽然不大，但每天需要处理的事情很多，最要命的是，玲玲是一个什么事情都要管的人，大到公司的业务订单，小到快递的电话。即便如此，她还总是觉得自己做得不到位。

一次，公司的一名国外客户前来商讨业务事宜，玲玲原本让公司小王去应酬，但想想还是决定自己亲自去。谁知玲玲完全不会喝酒，经不住客户的几句劝酒就醉了，然后说了些抱怨工作累、薪水低的话。

第二天清醒后，她懊恼不已，认为这样不仅有损于公司的形象，还可能会传到经理的耳朵里，因为当时小王也在场。为这事，她接连几天茶不思饭不想、一天到晚迷迷糊糊，工作状态很糟糕。

这天下班，玲玲在电梯里遇到了小王，窘迫难堪的她还是问候了一下下属："累了吧，回家多休息。"

"没有主管累，那天多亏你，不然我肯定连家都回不了了。"

"那天你也喝醉了吗？"玲玲问。

"是啊……"玲玲这才明白，原来她所担心的事根本不存在。

案例中的玲玲就是个苛求自己的人，因为担心酒后失言可能给自己带来的后果而总是烦躁不安，影响了工作，而事实证明，她的担心是多余的。

的确，追求完美是一种追求进步的表现，如果人们都满足于现状，那我们将会止步不前。因此，可以说，追求完美并没有什么不好，相反，很多时候，精益求精对我们的能力、知识、经验等方面都大有益处。然而，当你已经形成一种追求完美的习惯后，你会发现，你做事的效率反而降低了。

要知道，我们不会因为一个错误而成为不合格的人。生命是一场球赛，最好的球队也有丢分的记录，最差的球队也有辉煌的一刻。我们的目标是——尽可能让自己得到的多于失去的。那么，过分追求完美的人该如何去调整呢？

不要苛求自己。你不要总是问自己，这样做到位吗？别人会怎么看呢？过分在乎别人的看法就是苛求自己，你会忽略自己的存在。

要改变自己的观念。你需要明白一点，世界上没有完美的事，保持一颗平常心并知足常乐，才是完美的心境。换一种新的思路，即尝试不完美。

要改变释放方式。当你心情压抑时，要选择正确的方式发泄，例如唱歌、听音乐、运动等。并且，你要抱着一种享受的心情发泄，这样，你很快会感受到快乐。

让一切顺其自然。不要对生活有对抗心理，过于较真的人，他们会活得很累，因此在思考问题时要学会接纳控制不了的局面，接纳自己所面对的事，不要钻牛角尖。

总之，人生是没有完美可言的，完美只是在理想中存在，生活中处处都有遗憾，这才是真实的人生。事实上，追求完美的人是盲目的。“完美”是什么？是完全的美好。这可能吗？“凡事无绝对”，哪里来的“完美”？既然没有“完美”，那又何必多想？尽力就好，少一些苛责吧！

消极的完美主义会成为成功路上的阻碍

生活中，当人们提到“完美主义”这个名词时，难免会表现出一些得意。例如：“我这个人呢，唯一的缺点就是太过于完美主义。”之所以他们会这样自我评价，是因为在他们看来，“完美主义”是一种正面的性格特征。而其实，这些人根本不了解什么是真正的完美主义。

完美主义，准确地来说应该体现在两个方面：完美主义的努力和完美主义的担忧，也可以理解为积极的完美主义和消极的完美主义。积极的完美主义，主要是严格的自律和高职业道德；消极的完美主义，则代表了过度自我批评以及满足感的缺失。从古至今，有许多成功的人士，他们大多属于积极的完美主义，他们追求完美，但这份对完美的渴求却没有成为他们成功路上的障碍。

积极的完美主义，对人和事都有一定的正面促进作用。通常积极的完美主义者一旦定下目标，就要坚持下去，对事情永远希望做到尽善尽美，他们会更多地关注事情不好的一面，然后努力去弥补不足之处，从而促成整件事情的顺利结束。当然，在做事情的过程中，他们对完美的追求不会影响到事情本身。

然而，消极的完美主义，是一种对自己和事物的苛求心理，过于追求完美而导致做事效率低下，人的执行力也受到影响。并且，消极的完美主义者总是内心焦虑，他们通常会认为自己再好也不够好，一种对卓越的完美追求，导致他们缺失了“自我关怀”。有完美主义心理的人或许没认识到它的破坏性，然而，大量的研究发现，完美主义者和自杀之间存在危险的相关性。因为他们不会在冲动之下做事情，总是小心行事、善于计划，一旦他们下决心结束生命，典型的性格特征会让自杀更容易成功。

消极的完美主义还容易导致抑郁症，现实生活中的诸多压力对于抑郁症的影响，会随着人们追求完美的程度提高而加剧。简单地说，就是如果一个人常常去关注事情违背其愿望发展的那一方面，那情绪就会常常遭受打击，从而加剧患抑郁症的风险。

很多人并没有意识到消极的完美主义的破坏力，他们更多的是希望完美主义可以帮助自己实现成功，但事实并不是这样的。因为从一开始就阻碍人们的是那些对失败的恐惧、对无法达到自己预期的恐惧，在这样的情况下，大部分人会通过不良的应对机制来面对压力，也就是尽可能地回避。例如一个成绩平平的人，他们对于自己是否考出优异的成绩没有太大的焦虑感，根源在于他们认为自己没办法完美地完成任何事，于是选择了不去尝试。而且，在做事过程中，他们往往由于小挫折，或者害怕犯错而感到焦虑，从而影响进一步完成任务。过度的完美主义情结，让他们对自己有着几乎不可能做到的高标准，以至于即使在旁人看来他们已经很成功，但是他们依然没办法感到快乐。

完美主义者身上有太多的标签，如果在一个人身上出现了大部分的个性化标签，那么表示这个人追求完美主义已经开始走向消极的一面了。

1.反复做事，却效率低下

生活中，那些积极性强的人往往很努力，而且做事效率很高。但对于典型的完美主义者而言，他们非常纠结于一件事情的完成，一篇稿子改了无数次依然觉得不满意，一件工作做了很多天依旧觉得不够好。由于过分追求完美，所以做事效率比较低。

2.耗费大量的时间和精力

完美主义者往往需要大量的时间和精力，以此来掩饰自己的不完美。他们内心十分害怕受到来自别人的批评，为了避免这样的评价，他们会尽可能维持一个各方面都不错的形象。

3.常常感到焦虑

完美主义者由于对自己和他人有过高的要求，事实上自己很多时候并不能达到高期望，而他人也会因各种情况无法达到高标准，所以他们常常感到烦躁不安。

4.做得不好是能力不足

谁也避免不了犯错，只要我们能在错误中成长。然而，完美主义者却不这么认为，在他们看来，只要一件事没做好，他们就很懊恼，认为自己能力不足，哪怕是很小的一个挫折，也会给他们带来强烈的挫败感，如果是遭遇大的难题则会让他们产生严厉的自我批判。

5.感受不到自我价值

完美主义者经常感受不到自我价值，他们从来不会因为自己的成绩而感到骄傲，即便他们已经成功地完成很多事，他们依然不觉得自己成功了。

6.即使成功，也感受不到多少快乐

对完美主义者而言，不管自己赢得了怎样的成就，他们都很难高兴起来，即使别人觉得他们每天做得已经很好了，但是他们似乎总是能找到不满意的地方，他们经常会说“我应该做得更好的”“还是怪我这里没考虑到，否则现在的结果应该更好”。

完美主义会削弱你的执行力

在我们周围，有不少这样的人，他们为人处世处处小心，总是认为自己做事没做到完美，他们对自己要求过分严格。因为他们过于认真、拘谨、苛求自己，所以他们生活得很累。他们总有这种表现，以高标准来要求自己，一旦某件事没有做到无可挑剔的程度，那么必定是吃不好也睡不好，总觉得心里不舒服。这种人就是我们常说的完美主义者。然而，我们更清楚的一点是，这个世界上并没有完美的人，也没有完美的事。

如果你是个完美主义者，在每次行动前，你是否都习惯规划整件事，然后将每个细节都考虑在内？但最终，你白白浪费了时间，延误了开始的时机。其实，与其有个完美的开始，不如有个完美的解决，很多时候，把事情做完远比把事情做得完美更适当。

某知名广告公司设计部高薪聘请了一名设计总监，全公司上上下下都在议论这名设计师的来历。这名设计师叫凯瑟琳，是某名牌大学的硕士研究生，在校期间就为很多大公司做过设计。并且，凯瑟琳的能力是大家有目共睹的，在公司的会议上，老总曾公开展示过她的作品，并告诫大家以她为榜样。

然而，令大家感到惊奇的是，不知为何，在凯瑟琳来公司的第三个月，她就被开除了。一些男同事惊呼："也太没天理了，这样能力超群的美女，怎么就被开了呢？"一些在公司混饭的员工甚至觉得这是老板裁员的第一步，连凯瑟琳都被开除了，恐怕自己也不远了。种种猜测在员工们之间传得沸沸扬扬，但其实只有老板自己明白，凯瑟琳是个严重的完美主义者，她的工作常因为苛求完美而影响了进度。

老板对凯瑟琳实在忍无可忍了，从第一个月开始，别人都是做了六个项目，而她只交上来三个，每次催她要作品，她就会回答："再给我一天时间，我还是觉得有几个地方不满意。"要么就是："我还没想到怎么收尾呢。"其他员工一个月5000元的工资，凯瑟琳因为是特别聘请，所以每月8000元，8000元就交上来三个作品，这样的代价实在太大了。还有一点最主要的是，凯瑟琳总是抱怨给她的时间太少，每次让她必须把作品交上来的时候，她就因为无法按时完成而变得狂躁。无奈，最后，老板还是决定另请高明了。

案例中的凯瑟琳就是吹毛求疵的职场人士，因为总是对工作不满意，她一直拖延工作提交的日期，最后，公司领导不得不将其开除。

其实，这样的人在我们的周围并不少，他们之所以要求自己做到完美，多半与对自己过高的期望有关联，他们十分在意周围人对自己的评价，他们害怕一旦做得不好，会被人嘲笑或者让自己没面子。他们在执行的时候，总是不停地问自己："如果再换一种方法呢，是不是更好？"结果，他们总是在尝试寻找最完美的方法。

通常来说，完美主义者在刚开始从事一件事的时候，都会满怀斗志，认为可以做到完美无瑕，但随着工作进度的推移，他们的激情被磨灭，找不到真正完美的执行方法，此时，他们会选择用拖延来为自己害怕不完美找借口。他们常常会说："再等等，一定有更好的解决方法。""桌子上太乱了，扰乱了我的思绪，我先收拾下。"然而，真正完美的那一刻在工作中存在吗？这何尝不是一种自欺欺人呢？

心理学家也称，一些人之所以迟迟不行动，并不是因为他们缺乏热情，也不是因为他们能力不足，而是某种形式上的完美主义倾向或者求全心理让他们缺乏行动力。

不要求完美，但将每一件小事做好

"天下难事，必做于易；天下大事，必做于细。"这句话出自老子《道德经·第六十三章》，意思是说天下的难事都是从容易的时候发展起来的，天下的大事都是从细小的地方一步步形成的。由此，可以看出，想要有所作为就不能小觑小事的影响力，尽力做好每一件小事才能让自己的努力引起质的变化。

或许有些人觉得芝麻小事都是没什么实际意义的，也不可能会影响大局，更不会升级到成就一番事业的地步。所以，他们总是好高骛远，极易在前进的路上迷失自己，被一些他们所谓的小事情绊脚。事实上，任何一件事情要想做得完美，都有一些小事作为基础，并起着关键作用。而任何一个问题的解决，都有一件决定性的小事起着举足轻重的作用。

陈藩生于东汉时期，从小他就是一个心怀大志的人，总是想着有朝一日成就一番事业。在他看来自己就不是一个普通的人，所以他总是给人留下心高气傲的印象。

一天，陈藩的朋友薛勤来访，见他住的屋子又脏又乱，便问他说："你这小子，平时家里脏些也就罢了，现在你家里来客人了，你怎么也不把屋子打扫干净以显示你的待客之道啊？"陈藩答道："我是顶天立地的男子汉，我要干的是一番大事业，我是一个心怀天下的人，这种小事我是不会做的。"薛勤当即反问道："一间屋子你都治理不了，怎么治理天下呢？"陈藩无言以对。

很多人总是自命不凡，感觉自己是天生的战略家，觉得自己是指点江山的大人物，所以从不把所谓的小事放在眼里。可是他们却不明白能够认真做好每件小事、讲究精益求精的执行者，却是可遇而不可求的。很多伟人的成功总是离不开点滴小事的积累，他们涉猎广泛，从生活中不断学习，才在合适的契机产生质的变化，成就自己的一番伟业。因此，我们应该改掉急功近利、心浮气躁的毛病，认认真真地做好每一件小事。

陈浩和小志是大学同学，他们学的是计算机专业，大学毕业之后，两个人都被聘到了同一家公司。初次走出校园的两个人感觉浑身都充满着激情，决心好好努力，在工作中努力拼搏，闯出属于自己的一片天地，实现自己的价值。可是事情没有他们想象的那么美好，陈浩和小志都被安排做一些琐碎而单调的工作，每天早上打扫卫生，中午预订盒饭，帮同事复印资料、接收传真等。小志感觉受到了侮辱，不甘心在这里做这些没前途的工作，还没过试用期，便辞职不干了。

小志想让陈浩和自己一起走，小志说："我们难道就在这里受他们侮辱吗？我们是大学生，怀着满心的希望与激情来这里大展拳脚，可是他们怎么对我们的，整天把我们当作打杂的人员，实在受不了这个委屈，我要辞职离开了，去一个能让我好好发挥自己的地方。"

可是，陈浩的看法却不一样，在他看来，公司这样安排肯定有其道理，做这些看似琐碎的工作能让他很快和公司的同事熟络起来，为以后的工作做准备。又过了两个月，公司正式安排陈浩去做一些有关计算机方面的工作。

有一次，公司召开全体会议，在会议结束的时候，经理把陈浩叫到办公室跟他谈心，说了一些工作上的事情之后，经理问道：“陈浩，当初你们好几个大学生一起进公司的，大家都离开了，你为什么没走呢？”陈浩说：“从小母亲就告诉我，无论做什么事都不能马马虎虎、不放在心上，否则，什么事情都不可能做好。”

听到陈浩的回答，经理满意地点点头：“其实我明白，你们刚刚毕业，心高气傲，可是这正是对你们的一个考验，因为我们觉得一个脚踏实地工作的人必须懂得做好基本的事情，如果连最基本的事情都做不好，更不可能把大事做好了。恭喜你！通过了公司的考查。”

那么，小志后来怎么样了呢？他一直流连于各大招聘会，因为没有任何一家公司会把重要的任务交给新来的员工，都会有一个考察的过程。很可惜，小志没有通过考察，他总认为自己是做大事情的人，每次工作不到一个月就离职。

这里，职场新人陈浩和小志有着不同的命运，来源于他们不同的做事心态。的确，如果小事你都做不好，那还怎么开口说自己是做大事的人？万事的成功都需要良好的基础，就像是盖高楼一般，没有那一砖一石的积累，哪来的一座座高耸入云的摩天大厦。

总之，把每一件简单的小事做好是成就大事的基础，要想在工作中取得优异的成绩，就需要沉下心来，用心做好每一件小事，不能抱有敷衍了事、挑三拣四的态度。

第 9 章

说一尺不如行一寸，梦想的实现需要你持久的付出

生活中，人们都赞赏那些有伟大梦想、眼光长远的人，但很多人在憧憬未来时，难免想得太多而生几分浮躁之气。有时候，梦想不承认猜想，唯有立即行动、踏实勤奋才是实现梦想的唯一途径。因为梦想的实现是一个过程，是将勤奋和努力融入每天的生活、工作和学习中，它没有捷径，它需要脚踏实地。为此，我们要记住，实现梦想，说一尺不如行一寸，唯有行动起来，持续不断地努力，成功才会早一天到达。

脚踏实地才是实践梦想的唯一途径

生活中，我们总是被告诫：“别想一下就造出大海，必须先由小河川开始。”世界上没有一步登天的奇迹。所以年轻人必须恪守 “脚踏实地”的原则，做任何事情都要循序渐进。如果想获得成功，就必须从一件小事做起，哪怕是一件微不足道的小事，要只专注于现在所拥有的工作。根据大量投资经历可以得出：用投机取巧的方法来获得成功，那是永远不可取的。可能你在短时期内能获得一两次的成功，但是不可能获得长久的成功。年轻人需要通过慢慢添加一砖一瓦，踏踏实实地坚守自己的位置，最后才能建造出属于自己的美丽城堡。

人就应该从基础做起，认真完成每一项工作。通过认真工作来磨炼自己的情操，从来不好高骛远，而是坚守脚踏实地的工作态度，这样才能逐渐地积累自己丰富的阅历和宝贵的工作经验，而这对于以后从事更富有挑战性的工作是一个准备。当他们最后面对比较复杂的工作的时候，依然能够胸有成竹地去完成它。“工作无大小”，任何一件工作都需要我们去认真对待。只有当你用心去面对一切的时候，才能够做到认真处理每一件事情，这样才能为自己积累更多的经验。

没有人可以不行动就收获成功，真正的喜悦也是来自实践过的经历。心理学家认为，当人们尝试着估计自己能从未来的经历中获得多大的乐趣时，他们已经错了。人生只有经历过，才能品味出真实的味道，也只有脚踏实地地工作生活，才会活出自己。

我们先来看一个年轻人的故事：

小陈是某名牌大学的经济系高才生，毕业前，他的梦想是考上国家公务员，如果不行，就考省里的，还不行，就考市里的。这是他人生规划的一部分，他的梦想是在城里买个大房子，把父母接过来，然后在城里安家立业。然而，很多时候，现实与人的愿望就是相差甚远。参加这些考试，要么是成绩不理想，要么是面试没通过。曾经一度，小陈认为自己的人生就这么完了。

后来，小陈终于走出阴霾，考不上公务员就去做别的，总有一条生存的路。于是，他开始找工作。他是个有抱负的人，他心想自己是个名牌大学的毕业生，能力也不比别人差，因此，一定要做出一番事业。终于，他投出的简历得到了回应。面试时，由于学历不错，长相谈吐也都大方自然，一些私企有意向录用他当文员或者秘书。“办公室里的好多人员学历不如我，能力也不如我，我觉得大才小用了。”所以，辗转了好几个类似的工作，他就是做不长。

就在不知道何去何从的时候，他的表哥请他去家里坐坐。

“他连小学都没毕业，如今却开着名车，还娶了漂亮城里媳妇。”小陈心里很不是滋味。

表哥告诉他：“其实，你应该感到幸福，你想想我，那时候，没有学历，没有背景，而你呢，有这么多人疼着你，还供你上了大学，长得一表人才，前途光明着呢，别丧气啊！人有时候就不能太较劲了，不能急于求成，也不能把自己太当回事儿了。苦你得吃得，气你得受得。你哥我不就是盘子端过、碗洗过，被人骂过，一步一个脚印，脚踏实地走，才有了今天。”表哥的经历让小陈彻底明白了一个道理：要想成功，起点固然重要，但脚踏实地的努力更重要。

现在的小陈已经大学毕业两年了，他最终于明白了一个道理:找不到理想的工作，与其自暴自弃、怨天尤人，还不如踏踏实实，在一个自认为还有着足够兴趣的岗位上一步一个脚印地走。于是，小陈开始沉静下来，在省城一家四星级酒店找了一份工作，现在他已经是前台经理了。

生活中，可能有很多人都和小陈有着相同的经历，满腔热血却被现实浇灭。但扪心自问，问题却在自身，与其打着灯笼满世界找满意的工作，不如踏实下来，勤奋工作。要知道，没有伟大的意志力，就不可能有雄才大略。可能目前这份工作让你感到很沮丧，你觉得前途渺茫，但你真的做到了勤恳工作吗？既然没有，那么，何不尝试一下呢？努力工作，你会发现，成长始终伴你左右！同样，你也应该深知，要想实现梦想别无他法，只有脚踏实地。

如果你每天把大把的时间都花在了展望自己的未来中，而不制订实现梦想的计划，那么，你的梦想也最终只会遥遥无期。

李大钊曾经说过：“凡事都要脚踏实地地去作，不弛于空想，不骛于虚声，而惟以求真的态度作踏实的功夫。以此态度求学，则真理可明。以此态度做事，则功业可就。”

其实，生活中，那些成功者往往是那些做“傻”事的笨人，输得最惨的也是那些聪明人，那些笨人深知自己不够聪明，所以他们努力学习、埋头苦干，最终他们如愿以偿了。而聪明人做事时则不肯下力气，总想着耍小聪明、投机取巧，但往往输得很惨，所以智慧和实干比起来，实干更加不可或缺。

勇敢迈出第一步，开始你的拼搏之路

生活中，我们每个人都有自己的梦想，然而，实现梦想的人毕竟是极少一部分人，大部分人与梦想无缘，这是因为他们无法承担追求梦想带来的困难和痛苦，就退而追求安稳的生活，每天两点一线，上班、回家，回家、上班，逐渐对梦想失去激情，而当他们看到他人风光无限或是衣食富足时，又嫉妒得要命。天上不会掉馅饼，即使掉了也不一定会砸到你的头上， 凡事有因才有果，你付出了才能有回报，甘于现状、不思进取却又企望富贵发达，这就是“白日做梦”。

我们也发现，很多成功人士并不是含着金钥匙出生的，而是从做很卑微的工作开始，脚踏实地，一步步走向成功的。如果没有当初的努力，那么，这些成功者也只能是在温饱线上挣扎的人。同样，对于生活中的我们来说，人生路上，任何一段拼搏的旅程，都是从勇于改变现状开始的。

其实，很多时候，消除恐惧的方法只是做个痛快的决定，只要想做，并坚信自己能成功，那么你就能做成。

然而，生活中，人们都想成功，但却很少有人愿意为成功付出努力。那些成功者之所以会成功，是因为他们即使害怕也会行动，而大多数人正是因害怕而没有作为。约翰·沃纳梅克——美国出类拔萃的商业家这样说过：“没有什么东西是你想得到就能得到的。”成功的人与那些蹉跎人生的人的最大区别，就是——行动！如果你能追溯那些成功人士的奋斗之路，你就会感叹：“难怪他会做得这么好！”怎么样的行动能获得最大的成功呢？是马上行动！只要你敢于迈出别人不敢迈的那一步，你就能比别人快“半拍”，就能成为第一个吃螃蟹的人。

因此，我们每个人要想成功，就应该做到敢为人先，就要认识到行动的重要性。现代乃至未来社会，执行力就是竞争力，成败的关键在于执行。

人生目标确定容易实现难，但如果不去行动，那么连实现的可能也不会有。没有行动的人只是在做白日梦，所以心动不如行动，勇于迈出行动的第一步，你成功的机会就会提高，而光想不做，那你将永远没有实现目标的可能。

当然，我们每个人都应该明白一个道理，说一尺不如行一寸，只有行动才能缩短自己与目标之间的距离，只有行动才能把理想变为现实。成功的人都把少说话、多做事奉为行动的准则，通过脚踏实地的行动，达成内心的愿望。但任何行动，如果没有一个明确的指引方向，都是无意义的。

现实不承认猜想，踏踏实实做事

生活中，我们常被告诫说："罗马不是一天建成的。"而成功者也正是坚信这样的道理，所以才能够赢得成功。中国也有句相似的格言"千里之行始于足下"。它们所表达的是同一个意思。我们在面对任何一件事情的时候，都要脚踏实地，才能做到循序渐进，才能获得最后的成功。正可谓"一屋不扫，何以扫天下"。凡成大事者需要从小事做起，踏踏实实地做好生活中的每一件事，小事做多了就成大事了。

同样，对于我们来说，也要树立踏实的态度。要想获取成功，就得有坚强的心力和耐性。艾森豪威尔说："在这个世界，没有什么比'坚持'对成功的意义更大。"

然而，我们不得不承认的是，浮躁的现象在现今社会尤其是年轻人中普遍存在，具体的表现在于：事情才刚刚做到一半，他们就觉得已经大功告成了，便开始松懈起来。急功近利，只讲速度，不讲质量，看不起眼前的小事，认为做它没有什么意义。他们的兴趣没有被提升起来，挑战自己和别人的欲望也被压抑着。

生活中，一些人在为梦想奋斗的过程中，迫不及待地想要获得成功，总是不能够脚踏实地，而是心浮气躁。毋庸置疑，每个人都应该仰慕成功、追求成功，就像一位名人说的，不想当将军的士兵不是好士兵。人生恰如战场，虽然你想当将军，但是首先必须在枪林弹雨中涅槃，经历战火的洗礼。没有一个将军是从天而降的，没有浴火奋战过的将军不是好将军。同样的道理，侥幸获得成功的人未必能够拥有成功的人生，只有在失败面前百折不挠、从不气馁，才能成为真正的强者，才能拥有成功的人生。

事实上，现实的生活对每个人都是一场综合的考验，不会对谁网开一面。在中国，先贤们也曾给过我们训示：要志存高远，坚信“王侯将相，宁有种乎”；要踏实奋进，懂得“一屋不扫，何以扫天下”的道理。踏实做事、本色做人，那么我们每个人在社会的浪潮中都能很容易地找到自己的位置，并更加顺利地践行自己的理想。为此，当理想和现实交织在一起的时候，我们应该能把握二者的关系了。

因此，我们每个人都要有踏实肯干的精神，从现在起，无论是做事还是学习，我们都要做到不腻烦、不焦躁，埋头苦干，不屈服于任何困难，坚持不懈。只要我们坚持这样做，就能造就优秀的人格，而且会让我们的人生开出美丽的鲜花，结出丰硕的果实。

沉下心来进入角色，并深入钻研

我们都知道，将任何有意义的事情做好，是成功的预示。因为你比别人多付出，你在实际工作中也比别人想得更周到。成就决非朝夕之功，凡事必须从小做起。我们需要记住的是：我们不会一步登天，但我们可以逐渐达到目标，一步又一步，一天又一天。别以为自己的步伐太小，无足轻重，重要的是每一步都踏得稳。所以，成功绝不是偶然的，成功者都懂得去积累实力，因为只有深入地钻研，才有可能取得傲人的成绩。

事实上，每一个成功者都深知在追逐成功的过程中，沉下心来进入角色是非常重要的，越早进入就意味着越早地步入事业的轨道。每天都让自己成熟一些，浮躁之气自然会少下来。正如托马斯·爱迪生所言，成功中天分所占的比例不过只有1%，剩下的99%都是勤奋和汗水。

我们发现，那些成功人士都是通过自己白手起家来达到成功的，在进入社会之初，他们一般都是从事最底层的工作。但是他们并没有为自己位于底层而气馁，相反，他们正是把底层作为他们自己的展现平台，也是成功的开端。无论他们的工作是多么的平凡、多么的不起眼，他们都能够将那些看似普通而又细微的工作做得很出色。

任何人、任何事情的成功，固然有很多方法，但最根本的就是持久的付出和钻研。而相反，我们老在前进的道路上给自己设置重重的心理障碍，总是让自己刚迈出的脚步又退回原点，那么又如何战胜压力走向终点呢？唯有抱着一种不怕输、不认输的精神，有一种失败后再坚持一下的勇气，才能最终获得成就。

可见，在某一行业或者某个领域内做精、学精，远比涉猎众多领域来得更有效用，厚积才能薄发，我们每个人都要在自己的领域里沉淀下来，只有这样，你才有抓住机遇、一飞冲天的可能。

伟大的哲学家卢梭曾说："节制和劳动是人类的两个真正医生。"哲人也说："所谓人生，归根到底，就是一瞬间、一瞬间持续的积累，如此而已。每一秒钟的积累成为今天这一天；每一天的积累成为一周、一月、一年，乃至人的一生。同时，伟大的事业乃是朴实、枯燥工作的积累。如此而已。那些让人惊奇的伟业，实际上，几乎都是极为普通的人兢兢业业、一步一步持续积累的结果。"而在现今的社会浪潮中，唯有踏踏实实干事，不浮躁、不轻狂，能沉下心来进入角色，并深入钻研的人，才能成就一番大事。

你可能正在从事一项简单、烦琐的工作，你感受到了前所未有的压力，感觉自己的前途渺茫，但请你记住，只要你坚持下去，把自己的工作做精，你就能做出成绩来。而如果你总是浅尝辄止，总是认为手头的工作不重要，那么，你永远也不可能成为某一方面的专家，你又怎么可能抓住机遇、最终成功呢？

唯有虚心学习的人才能够掌握未来

现实生活中，我们每个人都有自己的理想，并渴望成功，而最终能成功的人只不过是极少数，大多数人只能与成功无缘，他们不能成功是因为他们往往空有大志却不肯低下头、弯下腰，不肯静下心来努力学习、从身边的本职工作开始积聚自己的力量。要知道，只有一步一个脚印，踏实、不浮躁地学习、积累经验，才能为成功奠定基础。而实际上，这正是生活中的不少人所欠缺的，有些时候，他们总是怨天尤人，给自己制订一些虚无缥缈的终极目标。而每一个成功的人，他的成就都不是一蹴而就的，他成功的不变因素都是努力学习。

苏格兰散文家卡莱尔曾经说过这样一句话："天才就是无止境刻苦勤奋的能力。"没有艰辛，便无所获。我们每个人都要明白，真正的知识是没有尽头的，正如有句话说："吾生也有涯，而知也无涯。”如若你想不断适应变化速度逐渐加快的现今社会，就必须学习无止境，把学习当成一项终生的事业，并把这项事业贯彻到每天的生活中，如衣食住行一般。

同样，在追求梦想的过程中，我们也只有稳扎稳打学好各种知识，才能从容地面对各种挑战。否则，只顾吃喝玩乐，不干正事，不务正业，那么，只能“书到用时方恨少”“少壮不努力，老大徒伤悲”了。

当今社会，竞争的日益激烈告诉我们每个人，只有知识才能改变命运，只有学习才能突破，才能具备竞争力。

CNN电视台名嘴赖瑞金曾邀请了全美43位精英人士参加自己的节目，讨论的话题是如何迎接新世纪，希望这些精英能给出一些建言。结果他发现，这些精英人物提出最多次的字眼就是“改变”和“学习”。基于这些想法，赖瑞金去了一趟国会图书馆，在那些年龄足有百岁的老式报纸中，他发现，人们在100年前就给出了类似的建言，就连那些字眼都一样。全录公司的首席科学家约翰·西里·布朗提到，跨越21世纪的人类，首先要学会如何去学习，并且学会如何去喜爱学习新事物。

奥马尔·纳尔逊·布莱德利将军就十分注重文化素养的培养。他认为“有知识素养、善于思考和处事灵活的士兵，才是最有价值的士兵”。并且他还曾这样说过：“在西点任教，不仅使我的洞察力更为敏锐，也大大开阔了我的视野和心胸，令我变得成熟。那些年，我开始认真读书，研究军事历史和人物传记，从前人的错误中学到了很多东西。”

的确，知识就是力量，也是使人变得勇敢的最好途径。对此，你可以做到以下几点：

1.多考虑自己的现在和未来，认识到学习的重要性

实际上，我们都知道学习的重要性，但这些往往是泛泛之谈，并不能起到任何实质性的作用。而一旦将这一想法与自身情况相结合，如根据自己的兴趣树立人生目标和理想，这一想法就具备了可实施性。

2.树立不断学习的理念

学海无涯，知识是没有尽头的，而同时，现今社会知识更新速度之快更要求你具备不断学习的理念和行动。

3.付诸行动，坚持每天学习

任何知识的学习都需要持之以恒地坚持才能收到效果，也只有这样，才能不断拓展自己在该领域的认知度和专业度。

另外，在学习的过程中，你还要有善于总结的习惯，无论学习的效果怎样，只有做到及时总结，才能及时反省，尤其是对于错误和失败。要知道，成功出于自错误中学习，只要能从失败中学得经验，便永不会重蹈覆辙。失败不会令你一蹶不振，这就像摔断腿一样，它总是会愈合的。大剧作家兼哲学家萧伯纳曾经写道：“成功是经过许多次的大错之后得到的。”

总之，对于学习，你只有与时俱进，以高标准的要求和精益求精的态度，聚精会神抠细节，才能实现突破。

第10章

勤奋起来，懒惰是实现梦想最大的绊脚石

心理学家认为，惰性是人与生俱来的弱点，人们总认为懒惰能逃避工作、责任，这只是一种自欺欺人的表现。无论如何，我们自身的工作与学习，还需要我们自己来完成，受益人也只会是我们自己。事实上，如果一个人能克服自身的惰性，他的人生就成功了一半。虽然惰性是人的天性，但我们要消除惰性，有时只需要一个念头即可，一旦赶走懒惰，便能主宰自己的人生，提高自己的人生质量。

你每天的早晨时间是如何度过的

我们每个人的一天都是从早晨开始的，古人云“一日之计在于晨”，这就是要告诉我们早晨时间对于一天活动的重要性。那么，说到早晨，你想到了什么呢？是想到了黎明、早餐，还是董事会？是想到了乱哄哄的场景、孩子的吵闹声，还是赶不上的公交车？……每个人的答案，都与他们的工作和生活有着千丝万缕的联系。但联想到“乱”的人，绝对做不到每天早起，也不可能在做完所有事之后美美地享用早餐，他们会一边啃着街头餐厅里的面包，一边嚷嚷着“哎呀，又要错过这趟公交车了，我怎么不早点起来呢”。相反，只有联想到“阳光”“豆浆油条”的人，才有可能早起。因为这些都是只有早起的人才能体验到的事，可以说是“早起的象征”。

太多人把早晨的时间浪费在毫无秩序的忙乱中了，的确，一个人在早上的状态如何，对一整天的工作效率有很大的影响。没错，早上是最适合工作的时间段。但是有不少人即使闹钟响了，也还赖在床上，早晨对这些人而言实在是头痛的时间。

那么，我们该如何利用早晨的时间工作呢？

1.坚持早起

正像小泽征尔所说的，他每天早上4点钟就起床，很多效率专家也建议，4点钟我们就应该起床。事实上，越是忙碌的人，越应该巧妙利用早上这段有限的时间。

以上班族为例，我们来计算一下，4点起床，上午就能工作8个小时。那么，下午的8小时就是“白捡的”，可以继续工作，也可以学习，甚至可以放到你的兴趣爱好上。

如果你每天6点起床，那么，现在，只要你提前2个小时，不仅能提高工作效率，还能在信息、学习、晋升、财富和人脉上都大获成功。

可能也有些上班族说：“我们也是从一大早就开始工作了。”但实际情况呢？公司不是9点钟才打卡吗？到公司的路程如果需要一个小时，那么，7点多你才会起床，有些赖床的人，还会睡到8点多。

还有一些人持反对意见，每天要加班，早上根本起不来。但其实，通宵加班并不是明智之举。你可能没发现的是，那些高效率的管理者，他们都不会打疲劳战。

2.起床前花几分钟时间想好今天该做的事

早晨的时间，我们可以做个简单的时间段划分，一部分是从醒来到起床，一部分是从起床到出门为止。这种分法是为了在每一个时段内，安排不同的使用目的。

其实，当你的闹钟响了，你不必像听到“必须要起床”的哨子声一样，醒来后，你不必立刻起床，你可以躺在床上，将一天的工作先做好安排，或者思考一些疑难问题的处理方法。等到将所想的事情都整理妥善之后，再起床。

换句话说，一天内要做的事情在床上已经都做好安排。

这个方法有以下两个优点：

第一，清晨卧室里阳光洒进来，宁静安详，你可以安静地思考问题。

第二，人在休息了一整夜之后，思绪会得到优化，你很容易就想出好点子。工作上如果有什么行不通的地方，利用早上这段时间，很容易找到解决的对策。

但是，如果你习惯性赖床，那么，在你还没想出对策前，又进入梦乡了，这种人最好立刻起床。

3.别忘记与你的家人沟通

从早晨睁开眼睛的那一刻到我们上班这段时间，虽然不长，但却是最忙，我们不仅要刷牙洗脸，还要吃早饭、换衣服。如果再加上不能早起，我们更是步履匆匆。

懂得善用时间的人不应只将这个时段用来处理杂事，还应用来和家人沟通。例如，你可以和你的孩子一起刷牙或吃饭，听听孩子说话，以建立亲子之间的感情。

4.一定要吃早饭

一些上班族需要花很长的时间来通勤，出门前这段时间不够用时，往往只好牺牲早餐。其实，饿着肚子工作，效率更低下，所以无论如何，别亏待你的胃。

不得不说，早晨真的如此重要。那么，为什么大家都不充分利用早晨的时间呢？每天有24小时。无论是能干的人还是不能干的人，一天24小时的事实都不会改变。而如何使用这24小时，决定了你的工作效率。从现在起，不妨养成早起和充分利用早晨时间的习惯吧，相信你会从中获益不少！

拒绝懒惰，努力才有可能成功

当今社会，我们已经认识到时间的重要性，人的一生只有短短几十载，生命是有限的。如果我们浪费时间，工作和生活中总是拖拖拉拉，那么，最终只能白白浪费生命。而假如我们能充分利用自己的时间和精力，勤奋做事，那么，我们绝对可以做出更有价值的事情来。

生活中的你如果是一个懒惰的人，那么你大部分时间都在浪费生命，无所事事，即便是做一件事情，也是担心这个担心那个，或者找借口推迟行动，结果往往错失了机会和灵感，到了最后，你只能去羡慕那些因为勤奋而获得财富者。

拖沓、懒散的生活和工作态度，对许多人来说已经是一种常态，要想有所成就，我们就应该克服惰性，努力让自己变得勤勉起来。

在现实生活中，有许多人贪图安逸而不愿意吃苦受累，结果，时间长了，就变得懒惰了。懒惰是生活中最大的敌人，许多悲剧的后果都是因懒惰而造成的。命运的好坏完全取决于自己，假如我们选择了勤劳，那我们通过自己的努力一定可以得到幸福，即便只有一点点是自己创造出来的，那也是一种幸福；假如你选择了懒惰，那你将终生和不幸、厄运、灾难成为伙伴，永远会是一个失败者。

在美国底特律，有位叫珍妮的妇女，她曾经很懒惰，很多事都由丈夫做。但在一次意外中，她的丈夫去世了，她不得不扛起家庭的重任。

珍妮必须要支付房租，还有两个孩子要养，面对这样的困境，她必须出去工作，但她只擅长做家务，所以她就选择了家政的工作。上午她将孩子送到学校后，就去为别人料理家务，晚上，孩子们做功课，她还要做一些杂务。就这样，懒惰的习惯渐渐被克服了。

在工作的过程中，珍妮发现，很多职业妇女都有这样的苦恼：没时间料理家务，于是她灵机一动，花了7美元买来清洁用品和印刷传单，为所有需要服务的家庭整理琐碎家务。这项工作需要她付出很多的精力与辛劳，她把料理家务的工作变成了专一技能，后来甚至连大名鼎鼎的麦当劳快餐店也找她代劳。

现在珍妮已经是美国90家家庭服务公司的老板，分公司遍布美国很多个州，雇用的工人多达8万人。

珍妮的成功事例告诉我们，人们的贫穷大多是由于懒惰、贪图安逸、不愿意奋斗而造成的。假如一个人不愿意奋斗，自甘过着贫穷的生活，那他就永远无法摆脱困境，连上帝也没办法拯救他。

有这样一句话："世界上能登上金字塔顶的生物只有两种：一种是鹰，一种是蜗牛。不管是天资奇佳的鹰，还是资质平庸的蜗牛，能登上塔尖，极目四望，俯视万里，都离不开两个字——努力。"若是缺少了勤奋的精神，即便是天资奇佳的雄鹰也只能空振双翅，而若是有了勤奋，即便是行动十分不便的蜗牛也可以俯瞰世界。靠着自己的双手去生活，比依赖别人要踏实得多。

1.良好的作息习惯

养成良好的作息习惯，早睡早起，作息规律。这一点自不必说，赖床是懒惰之本。最经典的办法——上闹钟。时下有很多创意闹钟，绝对有办法骚扰到你起床。

2.多运动

多运动，锻炼身体。懒人胖子多，对于胖人来说，懒与不运动绝对是"对等"关系。另外，经常的身体锻炼除了可以拥有健康的体魄，更能使人保持旺盛的精力，从而对懒惰说不。

3.时间计划

懒人都有拖拉的习惯，往往抱着"明日复明日，明日何其多"的想法。制订详细的计划，将时间规定好，把事情细分化。例如规定一个小时或半个小时内完成某项任务，或者把一件复杂的事情分几步完成，既提高了效率，又很好地解决了懒惰的心理。

4.积极暗示

懒惰的人中有一些是因为性格内向、不自信等心理状况引起的。他们从不爱、不敢与人接触交流慢慢发展成习惯性地懒得参加参与一些公众活动。这些人可以在房间布置名言警句，给予自己积极的心理暗示。

5.需要监督

懒惰的人全都是缺乏自律的，没有持续的执行能力，即使有一些经验方法计划，也无法改掉懒惰的毛病。可以让自己的家人、同学、朋友、同事等帮着监督自己。

6.换个环境

有条件的话尝试换个生活环境或打破原有的生活规律。刚上学的孩子之所以懒得上作文补习班却对上游泳班很积极；外出旅行时之所以都能做到早起，主要还是由于周围的环境发生了改变。

在这个世界上，有太多懒惰的人，他们不思进取，总想着天上掉馅饼的事情发生在自己身上，最终却被自己的懒惰贻害一生。俗话说："早起的鸟儿有虫吃。"只要自己勤奋，那我们就一定会拼搏出属于自己的一片天空。

从来不说时间不够，才是勤勉的态度

现代社会，无论是对于个人还是企业，“效率就是金钱”绝对不是一句空话。可以说，追求成功，必须追求效率。同样，自古至今，要想成功，就必须惜时。实际上，任何人只要能充分利用好时间，不浪费每一分钟，那么，他必当成才。有些人只是利用好了几年时间，有些人只重视年轻时代，而成功者则尽量利用好每一天，甚至能利用好每一分钟乃至每一秒钟。他们很少有浪费时间的行为，他们的成功实质上就是时间利用上的成功。事实上，那些勤奋的人，从不会抱怨时间不够。

小周是某大型企业的一名员工。高考失利后，他失去了继续读大学的机会，18岁的他就进了现在的这家企业。因为学历的原因，他只能从事最简单的产品装配的工作，但他不甘心。于是，利用上班之余的时间，他拿起了书本，自学了很多与该产品有关的知识，并自考了一些其他课程。

转眼，小周已经工作5年了。这家企业每5年会举办一个大型的青年知识大奖赛，参加这次比赛的人多半是一些高学历的人，但小周还是报名了。他的参赛作品是关于公司生产部门的机器流程改造图。公司高层一见到这幅图，就惊呆了，一个生产流水线上的工人怎么可能会制作出如此让人惊叹的图呢。于是，他们找来小周，就图纸进行了一番理论讨论，他的说明，让在座的领导们都瞠目结舌。“我看你的简历，你只不过是个高中毕业生啊，怎么会……”

“是这样的……”

听完小周的叙述，众领导一致表示：“单位的员工要是都有你这样的学习精神，该有多好。”

很快，小周就收到通知，他被升为技术主管，负责他所提出的这一项目的改造工程。

这则职场故事中，我们见证了一个普通员工的升迁过程。员工小周之所以会被领导赏识，在众人中脱颖而出，就在于他能利用空余的时间不断学习、不断完善自己的知识结构，充实了原本知识不足的自己。

人们关于自己的未来总会有很多规划，但当他们未能完成时总向别人推诿：“我最近很忙，根本没有时间。”迟迟不见有行为，但是如果你想有所获得、有所成就，做哪一件事不会耗费时间呢？我们经常看到卓越的人才，举手抬足优雅，且写得一手好字，当你在羡慕对方的时候，是否想起对方为了培养仪态、练字又一个人度过了多少沉默时光呢？

1.没时间是因为你浪费了时间

忙和没时间是最烂的借口，因为每个人的时间都是公平的，之所以会抱怨没时间，不过是因为你在其他事情上浪费了时间。

2.勤奋是质变的过程

财经作家吴晓波说：“每一件与众不同的绝世好东西，其实都是以无比寂寞的勤奋为前提的，要么是血，要么是汗，要么是大把大把的曼妙青春好时光。”如果我们倾力付出自己的努力，那早晚会从量变到质变，你现在走的每一个脚印，都会成为将来实现人生飞跃的跳板。

人们总会订下许多计划，看书、运动、旅行等，不过常常因没有时间而不得不放弃。难道你的生活真的有那么忙吗？真相到底如何你心知肚明，别总以忙和没时间当借口，那不过是在为自己的懒惰找理由而已。你若坚持努力，就一定会发光，因为时间是所向披靡的武器，聚沙成塔，将人生一切的不可能都变成可能。

克服惰性，努力让自己变得勤勉起来

我们任何一个人都知道，世界上没有一件有价值的东西可以不通过辛勤劳动而获得，不吝惜自己汗水的人，也必将有丰厚的收获。一个成功者的成功之处就在于他总是比别人多付出一些，比别人多向前迈进一步。

我们观察成功人士的环境时，会发现他们的背景各不相同。那些大公司的经理、著名的传教士、政府高级官员以及各行业的知名人士都可能来自贫寒的家庭、偏僻的乡村甚至于贫民窟。这些人现在虽说是社会上的领导人物，但他们的成功无不是源于努力，并且是超乎常人的努力而获得的。

因此，我们一定要形成勤奋努力、不拖延、勤勤恳恳的工作和学习习惯，因为只有努力奋斗才会充实你的人生，这就是你的人生不断增值的砝码。

天下没有不劳而获的事，成功需要持续的奋斗，如果我们能够不忘时刻积累经验、总结教训、不断学习的话，那么，即使失败，你也可更上一层楼。

正如一句名言所说："一个人如果想要获得成功，就必须要付出与之相应的自我牺牲。如果期望的是较大的成功，就需要付出较大的自我牺牲，如果还想取得更大的成功的话，那就意味着更大的自我牺牲。"

另外，一个人要想获得人生的幸福，那么每一天都应该勤奋工作。付出不亚于任何人的努力是一个长期的过程，只要坚持就一定能够获得不可想象的成就。事实证明，任何一个取得成功的人，都是因为他付出了超乎常人的努力。

充分利用时间，不浪费一秒钟

我们都知道， 时间是生命的构成部分，我们任何一个人都没有太多的时间可以挥霍。可能你认为自己还处于人生刚刚开始的阶段，但你同样要利用好每一分钟的时间，不要等到逐渐老去的时候，才慨叹浪费了生命。

的确，如果我们浪费时间，工作和生活总是被那些琐碎的、毫无意义的事情所占据，那么我们就没有精力去做真正重要的事情了。世界上有很多人埋头苦干，却成就一般，如果他们充分利用了自己的时间和精力，绝对可以做出更有价值的事情来。

有人曾说："今天为一分钟而笑的人，明天将为一秒钟而哭。"任何一个现代人尤其是拖延者，必须开始学会做珍惜时间的人。

历数古今中外一切有大建树者，无一不惜时如金。古书《淮南子》有云："圣人不贵尺之璧，而重寸之阴。"他们从不抱怨，更从不拖延。因为他们深知，抱怨只会让自己分散注意力，只会让自己的情绪更糟糕，只会更浪费时间，既然抱怨无益于解决问题，还不如抓紧时间，赶紧解决手头上的事。可见，我们任何人，都应该把握好每一分每一秒的时间，那么，现在就勇敢地迈出第一步吧。为此，你需要记住：

1.克服懒惰，选择行动

一个人之所以懒惰，并不是因为能力的不足和信心的缺失，而是因为平时养成了拖延的习惯，以及对事情敷衍塞责的态度。

要珍惜时间，首先就要改变态度，必须以诚实的态度，付出积极和扎实的努力，只有这样，才能真正将每一件事做好。

2.强迫执行，勤奋起来

良好习惯形成的过程，是严格训练、反复强化的结果。

可能现在的你每天为生活奔波，生活、工作压得你喘不过气来，你开始抱怨生活、抱怨上司、抱怨家人。而其实，有压力，才有动力，压力带给你的不仅仅是痛苦和沉重，还能激发你的潜能和内在激情，让你的潜能得以开发。如果说，人一生的发展是不易反应的药物，那么压力就是一剂高效的催化剂。它不是鼓励你成功，而是逼迫你成功，让你没有选择不成功的余地。它带给人的，不仅仅是痛苦，更多的则是一种对生命潜能的激发，从而催人更加奋进，最终创造出生命的奇迹。

第 11 章

持续就是力量，梦想需要你不断地坚持和付出

在我们的周围，不少人总是羡慕那些成功者，从而感叹自己时运不济。其实，我们应该重新审视一下自己，你足够努力吗？你足够坚持吗？其实成功者只是比我们更能坚持梦想而已。的确，我们每个人都有自己的梦想，但梦想绝不是一蹴而就的，而需要我们持续不断地付出，你有多坚持，就会多成功。

中途退出的人，注定一事无成

俗话说：有志者立志长，无志者常立志。这句话的意思是说，有志气的人一旦立志，就会坚定不移地去做，即使遇到困难也不退缩，而没有志气的人呢，他们经常立志，却没有毅力去做，所以常常放弃，常常立志。毫无疑问，做同一件事情，一定是有志气的人才能做成功，没有志气的人只会像寒号鸟一样天天哀号。其实，这个世界上没有任何事情可以一蹴而就，包括你的一段感情，包括你做的一份工作。没有时间的投入和全心全意的坚持，不管是在感情上还是在工作上，你都会徒劳无获。

那么，有什么事情能够一帆风顺，直抵成功吗？答案是没有。我们做任何事情，都会遇到困难。之所以结果不同，是因为每个人面对困难的态度不同，有的人知难而退，有的人迎难而上。毫无疑问，大多数成功者是迎难而上的人。他们都有足够的勇气，能坚持不懈地去努力，即使遭遇很多坎坷和挫折，也绝对不轻易说放弃。

古代，乐羊子离开家乡，辞别妻儿，独自外出求学。因为出门在外的生活实在太艰难了，也因为求学的道路充满坎坷，他很快就开始思念家乡，想念妻子儿女，因而最终于求学一年之后放弃，回到家乡。当风尘仆仆的乐羊子回到阔别的家中时，妻子正在织布。看到乐羊子背着沉重的行李走进家门，妻子丝毫没有觉得惊喜，而是满脸诧异。她问："你怎么回来了？学业结束了吗？"乐羊子笑着说："我不想继续求学了，我想回到家里守着你和孩子。"妻子一语不发，拿起身旁用来裁剪布匹的锋利剪刀，二话不说把自己正在编织的一块精美布匹剪断了。

乐羊子心疼不已，要知道这可是妻子辛辛苦苦昼夜不息才编织出来的布匹啊，家里还指望着这块布匹卖钱呢。为此他疑惑地喊道："这块布匹马上就要完成了，你为什么要这么做啊！"妻子严肃地说："这块布匹的确即将完工，但是因为我从中间将其剪断，所以它就成为了毫无用处的废物。你求学也是这样的道理，学业进行过半，你却选择放弃，那么无疑于前功尽弃，前面所有的努力也就白费了。现在的你，就像这块已经成为废物的布匹一样，再无半点用处。"妻子的话让乐羊子陷入沉思，他马上理解了妻子的苦心，因而说："你放心吧，我会继续努力的，我现在就回去，继续学业。"说完，乐羊子背起行囊踏上求学的归途。

妻子一语惊醒梦中人，使乐羊子知道学业半途而废的严重后果。尽管妻子为此废弃了自己辛苦编织出来的一块布匹，但是如果能换取丈夫的远大前程，也是值得的。从此也不难看出，乐羊子的妻子是一个深明大义的女人，可以说乐羊子学有所成与妻子的督促和鞭策是分不开的。

做任何事情都忌讳半途而废，因为倘若没有开始做，那么至少还不曾付出，放弃的损失比较小。但是如果事情已经进行到一定程度，已经付出很多，这个时候再选择终止，无疑会导致前功尽弃、损失惨重。而且，做事情一定要有头有尾，如此半途而废，长此以往还会导致人们失去自信心，也会使人们更加偏离既定目标，导致人生没落。

总而言之，人生之中做任何事情，都必须有坚持到底的精神，如果一旦遇到小小的挫折就半途而废，则人生注定一事无成。

人生苦短，做好一件事就好

我们都知道，人生短暂，须臾即逝，正因为如此，我们才要趁着短暂的人生做出一番事业来，这样才能活出属于自己的精彩。可见，一个人拥有怎样的人生，很大程度上取决于这个人的人生态度。倘若把人生看成是无聊的，那么人生的确太过漫长和难熬，如果把人生的每一分钟都看成是充实的，那么人生就会变得更加丰满厚重。

实际上，人生归根结底是短暂的。对于想把每件事情都做好的人而言，他们最终会发现人生苦短，短到如同白驹过隙，只能做好一件事情。倘若一个人过于贪心，总想把人生之中的每件事情都做到极致，那么最终的结果就是每件事情都做不好。这就像是学习，一个人总要术业有专攻，才能做出属于自己的成就。相反，倘若一个人把有限的时间和精力分散到学习的各个领域中，则最终不但无法做到学有所长，还会使得各个方面的学习都毫无特色可言。这样的人生看似比百无聊赖充实很多，但只是瞎忙穷忙，最终和百无聊赖一样收获乏善可陈。

在这个喧嚣的时代，不但生活节奏越来越快，工作压力越来越大，人们对于人生中很多事情的态度也变得如同对待快餐一样，恨不得马上解决。殊不知，人生之中很多收获必须经历时间的沉淀。就像有些菜品急火快炒好吃，有些菜品必须小火慢炖一样，人生也是如此，不同的事情必须区别对待，这样才能做到有针对性，才能起到事半功倍的效果。

一生只做好一件事情，有些人也许觉得这是浪费人生，殊不知这其实是人生的幸运。事情在于少而不在于多，当我们穷尽一生把一件事情做到极致，也就足够青史留名。诸如获得诺贝尔奖的莫言和屠呦呦，他们一个专攻文学领域，一个专攻化学领域，最终都能够在全世界青史留名，也能够让后来世世代代的人都记住他们，这是多么大的成就和荣耀啊！新东方教育集团的董事长俞敏洪，在创业之初也曾经面临过很多机会和选择。然而，他坚定不移地决定走好教育这条路，因为他深信这就是他毕生的事业，也愿意集中所有的精力把这件事情做好。最终，新东方在全国范围内家喻户晓，不得不说俞敏洪的选择是明智而又正确的，他也的确得到了回报。

在一家民营工厂，有一位工人，初中学历。

工人的上司总是对他说："这件事要这么做……"无论上司说什么，他总是一一记下，生怕漏了什么。每天，他的话都不多，总是埋着头在做他自己的事，双手粘黑，额头流汗。无论上司布置什么任务，他都日复一日、不厌其烦地认真完成。在工厂里他毫不显眼，一直默默无闻，但从无牢骚，也从无怨言，兢兢业业，孜孜不倦，持续从事着单纯而枯燥的工作。

20年后，这位上司来工厂看望工人，没想到这个默默无闻、只是踏踏实实从事单纯枯燥工作的人，居然当上了事业部长。关键是，令上司惊奇的不仅是他的职位，而且言谈中他体会到，这位工人已经是一个颇有人格魅力且很有见识的优秀领导，"取得今天这样的成就，你很棒！"

的确，这位工人看上去毫不起眼，只是认认真真、孜孜不倦、持续努力地工作。但正是这种坚持，使他从平凡变成了非凡。这就坚持的力量，是踏实认真、不骄不躁、不懈努力的结果。

需要注意的是，一生做好一件事情，尽管听起来简单，真正想要把这一件事情做好也并不容易。我们首先要确立人生的终极目标，也就是我们平常所说的长远目标，并且始终牢记目标，不忘初心，才能避免半途而废，也不会因为那些不相干的事情分散精力。否则，如果把有限的时间和精力无限地分散，最终人生就会毫无成果可言，距离梦想和成功也就越来越远。

一切的成功都是执着带来的惊喜

成功需要很多素质，执着也是成功必备的素质之一。很多时候，成功都在转角处，人们往往经历了无数次失败颓然放弃，也因此与成功失之交臂。倘若爱迪生发明电灯时没有坚持到最后一刻，在成功之前的那次失败就放弃了，那么他7000多次的实验就会前功尽弃，整个世界也会因此要延迟一段时间才能迎来光明。幸好他没有放弃，而是执着于自己的梦想，始终毫不气馁地面对失败，把失败作为成功的阶梯，不断地实验、进取，最终获得成功。假如屠呦呦在研究疟疾特效药的过程中遇到困难就退缩不前，那么她也无法成功提炼出青蒿素，更不可能因此获得诺贝尔奖。她在前进的道路上从未退缩，哪怕她和团队成员为了科学实验而身患疾病，她也依然从未放弃。正是这样的执着，才让她最终成功攻克了世界性难题，为全世界几百万身患疟疾的人群带来了福音和希望。由此不难看出，一切的成功都来源于执着，对梦想的执着，对理想的执着，对成功的执着。

人生不如意十之八九，每个人的人生之路都不可能是一帆风顺的。唯有坚持前行，跨越层层阻碍和艰难，我们才能翻越人生的高山，达到人生的巅峰。当然，要想获得好的结果，首先应该确立人生的正确方向。相信很多人都听过南辕北辙的故事，倘若方向错误了，即便再怎么努力，也只会导致结果事与愿违。因而，我们首先要保证正确的人生方向，接下来才能在梦想的道路上不断前行，直到成功。

毋庸置疑，一个不够执着的人往往很难获得成功，他总是因为各种各样的困难退缩，或者半途而废。只有执着于梦想，排除万难不断向前，我们的人生才能坚定地向成功靠近。执着就像一把刀，最终把人生雕刻成我们希望的样子，帮助我们顺利达到成功的彼岸。

善始善终，需要你的恒心和毅力

自古以来，是否有恒心被认为是一个人心理素质优劣、心理健康与否的衡量标准之一，也是人生未来能否成功的关键因素之一。恒心，它与意志品质的其他方面，如主动性、自制力、心理承受力等有一定的关系。初入社会的年轻人，应当着力培养自己的恒心，这样，做任何事，才能善始善终。

王阳明有言："我辈致知，只是各随分限所及。今日良知见在如此，只随今日所知扩充到底；明日良知又有开悟，便从明日所知扩充到底。如此方是精一功夫。”在他看来，一件事在开始之后要想有始有终，需要的是毅力和恒心，许多事往往在一开始凭的是一股子冲劲，后来随着时间的推移，慢慢就觉得厌烦了。

很多人都明白，人与人之间的才智差别并不是很大，但许多看上去才智不佳的人取得了成功，而许多本来才智高超的人却很落魄。原因并不是做事能力差，而是成功者能够认认真真地把事情做到最后，而失败者却总是见异思迁，什么事都只能做一点点或做到一半，便放弃了，在他的人生里留下了许多的“半截子”工程。实践证明，如果每个人都能够一心一意做事并坚持到最后，许多事情都会有好的结果。

英国首相丘吉尔为反法西斯的斗争做出了杰出的贡献，后来成了民族英雄、伟大的政治家、演讲家。他的名字和他的功绩一起载入了英国发展的史册，然而，丘吉尔曾经是个蹩脚的演说家。

有不少人尤其是年轻人，开始做事时，他们的热情高涨，但这股热情很快就会被接踵而来的困难消磨殆尽，或者做事情的三分钟热度一退，就马上改变了主意，这山望着那山高，于是放弃原来的计划而开始了新的行动，他们就是这样无休止地做着有头无尾的事情，以至于留下无数的“烂摊子”工程。他们不能获取成功，因为他们不能把自己的行动和愿望贯彻到底。聪明的猎人不仅能发现猎物，而且会追踪并最终抓获猎物。

做到善始又善终，必须有执着追求的精神。老舍先生穷其一生的精力，耐住了寂寞和枯燥研究文学，用自己的执着追求实现了善始善终。鲁迅、巴金等成功的大师无一不是善始善终的模范。一个人如果在为人处事上都做到了善始善终，就意味着他必然是生活的强者，也必然能够收获平静而幸福的人生。

一个人如果做人和做事不具备善始善终的素质，就意味着他是生活的弱者，无论他曾经有过怎样的风光和辉煌，他的人生都将充满悲伤与苦难。

将梦想坚持下去，该有多好

生活中，我们都有爬山的经历，尽管爬山并不像想象中那么容易，但却也不如我们所惧怕的那样艰难。只要你一步又一步坚持不懈地往上攀登，终有一天，你一定能够到达山顶。爬山如此，人生何尝不是如此呢？不管是面对生活中的重重困难，还是面对工作中的艰难阻碍，只要你能够坚持不懈地勇往直前，最终一定能够百折不挠，获得梦寐以求的成功。与此恰恰相反，假如你一遇到阻力或者困难就轻易放弃，那么你将会永远与成功绝缘。无数成功人士的经验告诉我们，任何成功都离不开对目标的坚持和持之以恒。

的确，那些成功者，有几个人是没有坚持就轻而易举获得成功的呢？几乎没有。

著名画家达·芬奇，刚开始的时候连鸡蛋都画不好，正是因为坚持，才成为举世闻名的大画家。爱迪生发明电灯，仅是灯丝的材料，就试验了7000多种，而每种材料都要经过数次实验，他的坚持最终成功地为全人类带来光明。如果没有爱迪生的坚持，也许人们还要在黑暗中摸索更长的时间呢！

《圣经》也曾告诫我们坚持的道理，耶稣告诉世人，深夜，你突然有事需要求助你的朋友，此时，你的朋友一家恐怕早已睡下，孩子静静地躺在他的臂弯中，但是你确实需要他的帮助，此时，如果你只敲一次门，很可能会被对方拒绝，但如果你坚持不懈地敲门，就会让他放弃睡眠，起床为你开门，并帮助你解决问题。

不管是向朋友寻求帮助还是在面对生活中的各种困难和坎坷时，我们都应该努力坚持。即使遭到挫折或者拒绝，也不要马上放弃。古人云，精诚所至，金石为开，说的正是坚持不懈的道理。

人生之中很多事情都不可能一蹴而就，我们更是需要付出坚持不懈的努力，才能看到卓有成效的结果。任何情况下，只要我们足够努力和坚持，人生就绝不会辜负我们。当你成为独一无二的自己，你会知道一切坚持都是值得的。

朝着一个方向不断地坚持，总有一天会成功。就好像炼金一样，这个过程是异常痛苦而枯燥的，不过，只要你坚信自己是一块金子，并且努力地坚持下去，那总有一天，你就会像金子一样闪闪发光。

何不再努力一次，也许就能成功

很多时候，我们为了做一件事情，进行了1009次的努力，然后我们再也没有信心继续努力，于是选择了放弃。如果肯德基爷爷和我们一样只坚持了1009次，那么他就不会成功。因为，他恰恰是在第1010次才获得成功的。很多成功，都在我们无法继续坚持下去的下一刻，也许只需要我们再努力一次，就能够获得期待已久的成功。

你满怀激情，怀抱梦想，那么，你准备什么时候开始实现梦想呢？你也许会说自己还没有准备好，还在等待时机的到来，殊不知，等待是最消磨意志力的事情。你必须当机立断，马上开始行动起来，才能让梦想保持新鲜的活力，才能让自己始终拥有实现梦想的勇气。对于年轻人来说，最可怕的事情莫过于热血澎湃地计划未来，却在等待中把自己的信心和激情消耗殆尽，最终不了了之，陷入绝对的失败境地。所谓绝对的失败，就是没有开始的失败。这种失败从精神上打垮年轻人，让他们斗志全无。

看看史泰龙的今天，再看看他的昨天，你一定知道自己应该怎么做了吧。每一个成功人士的背后，都是无数次的失败。他们之所以能够获得成功，是因为他们坦然接受失败，并且将失败变成自己进步的阶梯。从失败中积累的经验、汲取的教训，对于我们行走人生之路大有裨益。

很多成功的人都知道：拖延就是死亡。成功总是在我们行进的过程中，躲在拐角处偷偷地注视着我们。而拖延使我们根本没有机会来到成功等待我们的地方。任何事情，一旦想好了就必须马上行动起来。很多人的习惯都是拖延，这也是他们无法获得成功的根本原因。拖延是对成功最决绝的拒绝。在等待中，很多人碌碌庸庸，蹉跎了一生。成功禁不起等待，只有奔跑的速度，才能让我们在拐角处邂逅它的身影。

在追求成功的道路上，我们不但需要速度，也需要学会改变思路。在竖立鸡蛋的游戏中，很多人尝试了无数次，都没有把鸡蛋成功地立起来。只有哥伦布，只是轻轻地把鸡蛋的壳磕碎，使其拥有平整的底部，就轻而易举地把鸡蛋立起来了。这就是拐角处的成功。虽然只是小小的成功，却告诉我们一个深刻的道理：人生并非只有直路，有的时候也需要拐弯。

人生就是如此，并非永远是顺境。年轻人，当遭遇人生的逆境时，千万不要因此而沉沦绝望，而要努力地鼓起勇气，再接再厉。很多时候，事情的转机就出现在最糟糕的情况下，当然，前提是你不放弃、不气馁。成功就在拐角处，你做好准备迎接它了吗？

第12章
你只管往前走，一切都是最好的安排

我们都知道，任何事情的发展都是有规律的，同样，一个目标的达成也不是一蹴而就的，而是需要一个艰苦历练与奋斗的过程。正所谓“梅花香自苦寒来，宝剑锋从磨砺出”，任何急功近利的做法都是愚蠢的，做任何事情都要脚踏实地，一步一个脚印才能走向成功。而现在，我们需要做的只是努力，剩下的一切就交给时光。这是一种大气和洒脱，是一种从容和淡定。

功到自然成，不急不躁

生活中，我们每个人都有梦想，也就是我们常说的“成功”，每个人心目中都有一个成功的梦。虽然每个人对于成功的标准和定义不同，但是对于成功迫切的追求都是相同的。很多人就像“揠苗助长”里的主人公一样急于求成。殊不知，凡事物极必反，当我们过于追求成功，迫切渴望成功，我们最终必然与成功失之交臂，也很难得到命运的青睐。

成功真的那么急迫吗？当我们努力去做一件事情并且想要获得成功时，我们就应该知道成功是由点点滴滴的付出积聚而成的。要想获得成功，不但如同古人所说的那样要占据天时地利人和，更要讲究现代社会的诸多成功要素，诸如人脉、学识、能力、胆识、魄力等。当然，也需要具备很多外界的客观条件。成功需要如此多方面条件同时达到成熟，就像是静静地期待一朵花开一样，没有耐心的人很难守候到最后。

“我曾经是个200斤的胖子，肥胖带来的苦恼实在太多了，我常常买不到合适号码的衣服，我上公交车，大家都用异样的目光看着我。而让我印象最深的一件事是，有一次，我得了阑尾炎，疼得厉害，爸妈打了急救电话，来了几个年轻的女护士，她们要把我抬上救护车，但我太胖了，女护士们根本抬不动，我躺在担架上，被折腾了好久……自打这件事后，我告诉自己，无论如何，一定要减肥，这样胖下去实在太苦恼了。我也明白，对于一个200斤的大胖子来说，立即减成一个苗条的人并不大可能。于是，我给自己订立了一个运动减肥的计划。在第一个月的每天，我运动一个小时，每天不吃零食；第二个月，每天运动一个半小时……刚开始的几天，我觉得每天锻炼一个小时都很吃力，因为我以前是个连走路都会大喘气的人，不过我还是坚持下来了，第一个月结束的时候，我去称了下体重，我居然减了20多斤，这实在太神奇了。就这样，我继续完成了接下来的两个月的锻炼计划。现在，我身上的肥肉已经都不见了，而且，最重要的是，我已经养成锻炼身体的习惯……"

其实，和锻炼身体一样，做任何事情，都不可能"一口吃成个胖子"。我们可以先为自己定一个可以轻易实现的目标，这个目标的实现能增强我们的自信心，帮助我们成功克服更大的难题。

问问我们自己：我是否也急不可耐地想要获得成功呢？如果答案是肯定的，那么一定要马上戒骄戒躁。当然，所谓有则改之，无则加勉，如果我们本身就做得很好，能够做到心平气和地面对成功，从容不迫地追求成功，就更能够事半功倍，距离成功越来越近。

作为世界上大名鼎鼎的登山高手，罗塞尔和很多世界顶级登山高手一样，也始终以摆脱氧气瓶问鼎高峰为目标。所以，他经常不带氧气瓶，就去登山。在缺乏氧气的情况下，他成功登上乔戈里峰，这是举世公认的世界第二高峰。

对于大多数登山者而言，他们的极限都在海拔6000米。这是因为当到达海拔6000米的高度时，空气变得特别稀薄，使人感到无法喘息。然而，罗塞尔成功突破了人类的极限，他在没有携带氧气瓶的情况下，攀登到海拔6400百米的高峰。对于罗塞尔创造的奇迹，很多人都觉得难以置信，因此有记者专程采访罗塞尔，向他询问登山时的情况。

罗塞尔说："其实，每个人在到达6000米以上的高度时，都会觉得缺氧，这是人体正常的生理反应。不过，我并不觉得缺氧是阻止我们继续向上攀登的障碍。我们之所以到达6000米的高度就无法继续前进，是因为我们太急迫地想要获得成功。这种急切渴望成功的欲望，会让我们的身体热血沸腾，也会使我们无法继续保持淡定从容。我们的意志力遭到动摇，因而心绪起伏不平，我们也越发渴望氧气，最终失去攀登高峰的力量。要想成功攀登高峰，我们首先应该保持内心平静，清除一切的私心杂念。要知道，我们的内心欲望越多，我们就越需要大量的氧气。所以要想在空气稀薄的地方生存，我们就必须摒弃所有的私心杂念。"

从罗塞尔的话中我们不难总结出经验，即作为一名登山者，过于急迫地渴望成功，是不可能顺利攀登高峰的。同样的道理，满心只想要获得成功，而且在接近成功的过程中始终一叶障目、不够淡定的人，也是无法获得成功的。归根结底，适当的欲望能够刺激我们不断进取、为了追求成功而努力，但是当欲望成为负累，甚至成为困扰我们的囚牢，我们就无法继续轻装上阵。

我们当然要为自己树立目标和方向，但是我们却不能只顾着奔向目标，而忘记欣赏沿途的风景。我们只有调整好自己的生活节奏，做到劳逸结合，才能真正拥抱和享受人生。当然，在不断奋斗和拼搏的过程中，我们也要牢记初心，这样才能最终迎来成功。

一步步来，别总想一步登天

要知道，没有伟大的意志力，就不可能有雄才大略。可能目前这份工作让你感到很沮丧，你觉得前途渺茫，但你真的做到了勤恳工作吗？假如没有，那么，何不尝试一下呢？努力工作，你会发现，成长始终伴你左右！同样，你也应该深知，要想实现梦想别无他法，只有脚踏实地。

其实，生活中，那些成功者往往是那些做“傻”事的笨人，输得最惨的则是那些聪明人，那些笨人深知自己不够聪明，所以他们努力学习、埋头苦干，最终他们如愿以偿了。而聪明人做事时则不肯下力气，总想着要小聪明、投机取巧，他们往往输得很惨。所以智慧和实干比起来，实干更加不可或缺。

关于未来，可能很多人都有幻想，他们豪气万丈，为自己编制着美好的未来，或希望自己成为某个行业的精英，或拥有自己的事业等。树立理想是好事，它可以匡正你的言行，让你的努力有一个明晰的主线，但无论如何，你都千万要记住，只有脚踏实地才是实现梦想的唯一途径，对理想的憧憬，也千万别过了头。

如果你每天把大把的时间都花在了展望自己的未来中，而不制订实现梦想的计划，那么，你的梦想也最终只会遥遥无期。

心理学家认为，当人们尝试着估计自己能从未来的经历中获得多大的乐趣时，他们已经错了。人生只有经历过，才能品味出真实的味道，也只有脚踏实地地工作生活，才会活出自己。

因此，一个人若想不断进取，就不能腹中空空如草莽，要努力充实自己，储备各种能力、各种知识或各种能为自身发展所用的东西，待时机成熟，再跨上另一个高度。

无须焦躁，你只需要努力即可

我们都知道，任何事情的发展都是有规律的，人们的主观愿望与实际生活也总是有差距的。就像自然界的植物，它们的成长需要每天接受光合作用，需要接受甘露的灌溉，才能获得成果。其实，不仅是植物的成长，我们所做的每件事也是如此，都是有一定的规律的。

然而，我们发现，不少人在做事时总是急功近利，产生一种急躁心理，在他们内心里，希望事情能够赶快成功，于是，不自觉地，在其言行中就流露出焦躁的痕迹。其实，在很多时候，我们都忽视了一个做事的真理：切忌急功近利，只有稳住了心气，做事才能滴水不漏。因为在做事的过程中，一旦我们的心境失去了原有的平和，就一定会失去掌控局面的机会。有的人在做事时总是慌慌张张，希望事情马上就能着手办理，或者马上就能获得一些利益，假如这件事一两天没有什么动静，他就沉不住气了，不断地催促，不断地埋怨，根本忘记了做事的忌讳。结果，越是急功近利，越是显得不耐烦，就越有可能由于内心的烦躁而影响整件事情的进展。急功近利并不是为人处世的正确态度，如果你总是这样的心态，将会一事无成。相反，我们应该脚踏实地，一步一个脚印，这样才会赢得更多的时间和机会。

一位渴望成功的青年十分羡慕一位富翁的成就，于是，有次他去拜访富翁，希望讨教一些成功之道。

富翁在了解了青年的来意后，并没有多说什么，而是从厨房拿来一个西瓜。青年很疑惑，只见富翁将西瓜切成了三份，大小不等。

稍后，富翁问："如果每块西瓜代表一定的利益，你会如何选择呢？"富翁一边说，一边把西瓜放在青年的面前。

"当然是最大的那块啦！"青年毫不犹豫地回答，眼睛盯着最大的那块。富翁笑了笑："那好，你请用吧！"富翁把最大的那块西瓜递给青年，自己却吃最小的那块。

当青年还在享用最大的那一块西瓜的时候，富翁已经吃完了最小的那一块。接着，富翁得意地拿起剩下的一块，还故意在青年面前晃了晃，大口地吃了起来。

其实，那块看起来最小的西瓜和剩下的那一块加起来比最大的那块要大得多。

青年瞬间明白了富翁的意思：富翁开始选择的西瓜虽没有自己的大，最后却比自己吃得多。如果每一块西瓜代表一定的利益，那么富翁赢得的利益自然比自己多。

富翁对青年语重心长地说："其实这就是我今天想跟你说的话，做任何事，都要学会放弃和忍耐，而不是急功近利，不要一心想着一口吃成个大胖子，那是不可能的，脚踏实地才能获得长远的发展。"

在这里，富翁吃的每一块西瓜虽然不比青年吃的大，但加起来却比青年吃得多。如果每一块西瓜都代表了一定的利益，那么富翁得到的利益就比青年多。从这里我们不难看出，那些着眼于眼前利益的人，由于急功近利，他们最终反而会失去更多。过分急躁地追求眼前的利益，无异于杀鸡取卵，给自己的未来设置了障碍。只有学会忍耐，放下心中过多的欲望，才是最明智的选择。

曾国藩说："安分竭力，泊然如一无所求者，不过二年，则必为上官僚友所钦属也。"意思是说，只要你能安守本分，竭力做事，内心淡泊宁静，一无所求，不超过两年，就一定会受到其他人的敬佩和看重。

对于我们来说，遵循规律、脚踏实地才是稳妥之道。一个人太过于急功近利，会导致其心绪浮躁，于是，一些没有经过大脑仔细思考的言行就会不自觉地显现出来，而这将会影响到整件事情的进行。如果在做事的过程中，你能够克制自己浮躁的情绪，稳住心气，那么，整件事情就已经成功了一大半了。

其实，任何一种本领的获得、一个人生目标的达成都不是一蹴而就的，而是需要一个艰苦历练与奋斗的过程，正所谓“梅花香自苦寒来，宝剑锋从磨砺出”，任何急功近利的做法都是愚蠢的，做任何事情都要脚踏实地，一步一个脚印才能逐步走向成功，一口是永远吃不成一个胖子的，急于求成只会适得其反，结果只能功亏一篑，落得一个揠苗助长的笑话。

总之，我们需要记住，无论做什么，太想成功的人，往往很难成功，太想达到目标的人，往往不容易达到目标，过于注意就是盲目，往往欲速则不达，凡事不可急于求成。相反，以淡定的心态对之、处之、行之，以坚持恒久的姿态努力攀登、努力进取，成功的概率却会大大增加。

不断进取，别被自满吞噬

我们都知道，现代社会对人才的要求越来越高。任何一个人，都必须有不断学习和不断进步的意识，即使你已经小有成就，也不能骄傲自满。而应该在心中告诉自己，这次还不是最棒的，还有下一次，下一次一定会做得更好！

其实，那些成功者之所以优秀，也就是因为他们能做到不断超越，从不自满。

列夫·托尔斯泰说："一个人就好像是一个分数，他的实际才能好比分子，而他对自己的估价好比分母，分母越大，则分数的值越小。"现代社会，任何一个人都应该认识到自身知识的局限，才能认识到学无止境的含义，才能放开眼界，不断地吸收新的知识。

球王贝利不知踢进过多少个好球。他那超凡的球技不仅令千千万万的球迷心醉，而且常常使场上的对手拍手叫绝。有人问贝利："你哪个球踢得最好？"

贝利回答说："下一个。"

当球王贝利创造进球满一千的纪录后，有人问他："你对这些球中的哪一个最满意？"

贝利意味深长地回答说："第一千零一个。"

没有最好，只有更好。不要放松自己前进的步伐，因为我们要明白，我们永远是在逆水行舟，不进则退。

的确，无论做什么，都要不断进取。这样，在今后的求学和人生道路上，你都能处处做到最好。

美国迪士尼乐园的创始人沃尔特·迪士尼说：做人如果不继续成长，就会开始走向死亡。进取心塑造了一个人的灵魂。我们每个人所能达到的人生高度，无不始于一种内心的状态。当我们渴望有所成就的时候才会冲破限制我们的种种束缚。进取是没有止境的，我们永远不要满足于已经得到的，而需要不断地开拓新的领域。进取心是人类智慧的源泉，它是威力最强大的引擎，是决定我们成就的标杆，是生命的活力之源。

因此，在成功的道路上要有永不满足的心态。一个阶段的成功要更好地推动下一个阶段的成功。每当实现了一个近期目标，决不要自满，而应该挑战新的目标，争取新的成功。要把原来的成功当成新的成功的起点，这样才会永远有新的目标，才能不断攀登新的高峰，才能享受到成功者无穷无尽的乐趣。

熬过寂寞难熬的时光，你就能迎来成功

我们都知道，没有人能随随便便成功，自古以来的许多卓有成就的人，大多是抱着不屈不挠的精神，忍耐枯燥与痛苦之后，从逆境中奋斗挣扎过来的。在人生的道路上，我们若想有所收获，就必须耐得住寂寞。因为成功不是一蹴而就的，而需要我们耐心等候。

的确，在为梦想奋斗的路上，需要我们亲力亲为的事情太多，事无大小之分，不管我们如何努力，总要把事情做完。在努力的过程中，当寂寞成为一种内心感受，成为生活的常态，这个时候成功看似很遥远，实际上它已经慢慢到来。在努力的路途中，能忍受寂寞，就是在守候成功。

在中国的电影界，李安导演是家喻户晓的人物，他曾执

导的《理智与感情》被列入“影史伟大的100部英国电影”榜单。而了解李安生活经历的人都知道，他在实现自己梦想的过程中付出了巨大的代价。

内敛和害羞的李安曾说：“我天性竞争性不强，碰到竞赛，我会退缩，跟我自己竞争没问题，要跟别人竞争，我很不自在，我没那个好胜心，这也是命，由不得我。”这个信命的男人，却以自己强韧的耐心完成了一次生命华丽的蜕变，从一个普通的男人蜕变成响彻国际的大导演。

在李安毕业时，他就凭借作品《分界线》在电影界崭露头角，但毕业之后，他没有找到一份与电影有关的工作，只好一直在家，二人只靠着妻子微薄的薪水度日，李安感到十分愧疚，为了弥补妻子，他除了阅读和写剧本、看片外，还承担了家里的所有家务，每天将家里收拾得干干净净。

偶尔，李安也会去片场做一些杂活，如帮人家拍拍片子、看看器材、做点剪辑处理、剧务之类的杂事，甚至还有一次去纽约东村一栋很大的空屋子帮人守夜看器材。在这段时间，他仔细研究了好莱坞电影的剧本结构和制作方式，试图将中国文化和美国文化有机地结合起来，创造一些全新的作品。

后来，李安回忆起这段日子的煎熬生活，依然十分痛苦：“我想我如果有日本男人的气节的话，早该切腹自杀了。”就这样，在拍摄第一部电影之前，他在家里当了6年的家庭主男，练就了一手好厨艺，就连丈母娘都夸奖：“你这么会烧菜，我来投资给你开馆子好不好？”蛰伏了一段时间之后，李安出山了，他开始执导自己的第一部电影《推手》，紧接着，他内心对电影艺术的狂热就好像终于等到了机会发泄了出来，一部接着一部，部部片子都是经典，都为其成功奠定了扎实的基础。

就这样，李安完成了一次生命华丽的蜕变。

令我们佩服的是，李安导演因为自始至终对电影业都怀抱理想和希望，所以他能够在家里做6年的“煮夫”，足见他的忍耐力。就连李安也自嘲说：“我想我如果有日本男人的气节的话，早该切腹自杀了。”在那段煎熬的日子里，他一直蛰伏着，就好像蝴蝶在蜕变之前所经历的一切环节，忍受着寂寞与孤独，忍受着枯燥和痛苦，但他终于以自己的耐心等来了那一天，取得了成功。虽然蜕变的代价是巨大的，但他已经忍受了过来。生活对于人们，也从来都是公平的。

可以说，我们每个人都要学会与自己相处，寂寞也是我们一生中不可缺少的组成部分，伴随着成长，寂寞一步步进入人们的心里，一天天增强扩散。人只有在努力中煎熬，才会慢慢成熟，眼前也才会出现一道道别样的风景。“古来圣贤皆寂寞，唯有饮者留其名”，唐朝著名诗人李白就是一个懂得享受寂寞的人，他自诩孤独的行者，自饮自乐，自歌自舞，承受寂寞，才成就了他“诗仙”的美誉。

在努力过程中，忍受寂寞就是在拒绝诱惑。当对梦想的渴望更强烈，对成功的目标更坚定，承受住寂寞，就是走向成功。过早地妥协，只会让自己离成功越来越远。因此，生活中的我们，要么为了不寂寞而甘于平庸，要么为了成功而甘于寂寞。没有谁的人生是完美的，为了成功先学会承受寂寞吧！

参考文献

[1] 小川叔.别让梦想只停留在开始[M].北京：中国言实出版社，2015.

[2] 檀金.你就是想太多[M].北京：民主与建设出版社，2015.

[3] 许晋杭.梦想永远不会太晚[M].北京：人民日报出版社，2018.

[4] 钟灼辉.做自己最好的医生[M].北京：华夏出版社,2015.